点亮我们生活的

近红外光谱

——近红外光谱分析
在日常生活中的一天

中国仪器仪表学会近红外光谱分会　组织编写

褚小立　赵一霖　刘慧颖　编著

包锞炜　华俊　任敬波　绘图

U0177772

化学工业出版社

·北京·

内容简介

在大数据、云计算和人工智能的科技时代背景下，近红外光谱分析技术在我国得到了快速发展，成为现代分析技术的一个排头兵和新时代的弄潮儿。本书包含三部分内容，第一部分介绍近红外光谱的应用，以一位中学生一天接触到的事物为主线，系统完整地将近红外光谱与普通大众的日常生活密切融合在一起，深入浅出，通俗易懂，非常便于读者对这项技术的认识和接受。第二部分介绍近红外光谱的兴起和工作模式，拓宽读者的知识领域和知识结构。第三部分对近红外光谱的未来发展趋势做出展望，激发读者丰富的科学想象力和灵感。为了给读者带来唯美的阅读体验，本书将诗情画意与近红外光谱交融在一起，文学、科学、工程技术相互关联，相互依托，引人入胜，陶冶情操，开拓思路，期待能给读者留下深刻难忘的印象。

本书可作为分析化学、化学计量学、分析仪器、光学和自动控制等专业本科生、研究生的辅助教材，相关科研人员、工程师、高校教师和管理人员的参考书籍，也适合普通公众阅读，或作为科普工作者的宣传材料。

图书在版编目（CIP）数据

点亮我们生活的近红外光谱：近红外光谱分析在日常生活中的一天 / 中国仪器仪表学会近红外光谱分会组织编写；褚小立，赵一霖，刘慧颖编著；包锞炜，华俊，任敬波绘图. 一北京：化学工业出版社，2022.2
　　ISBN 978-7-122-40379-7

Ⅰ.①点…　Ⅱ.①中…②褚…③赵…④刘…⑤包…⑥华…⑦任…　Ⅲ.①红外分光光度法－普及读物
Ⅳ.①O657.33-49

中国版本图书馆 CIP 数据核字（2021）第 248576 号

责任编辑：傅聪智
文字编辑：王　琰
责任校对：王　静
装帧设计：刘丽华

出版发行：化学工业出版社
　　　　　（北京市东城区青年湖南街13号　邮政编码 100011）
印　　装：北京宝隆世纪印刷有限公司
710mm×1000mm　1/16　印张13½　字数212千字
2022年2月北京第1版第1次印刷

购书咨询：010-64518888　　　售后服务：010-64518899
网　　址：http ://www.cip.com.cn

定　　价：98.00元

《点亮我们生活的近红外光谱》
编委会成员

（以姓氏汉语拼音为序）

序

近红外光谱分析技术在国际上已发展半个多世纪，在我国也有三十余年的发展历程。近些年，在大数据、云计算、物联网和人工智能的时代背景下，近红外光谱分析技术得到了飞速发展。但是，相对于其他光谱分析技术，我国近红外光谱的产业化和应用普及率比较低，与期望还有很大差距，在为经济建设服务和造福人民方面还没有发挥出应有的作用，整体上仍处于爬坡攻坚阶段。

出现上述情况的原因主要有两方面：一方面是近红外光谱技术相对较新，这一领域的科学技术交流还多停留在较高学历的专业人才层次上；另一方面是近红外光谱为多学科的交叉技术，涉及到物理、化学、数学、生物、仪器、计算机和工程等诸多领域，目前国内大学的教材中相应的内容较少，致使与这项技术密切相关的人群（例如仪器分析类专业的大学生、研究生、科研和管理人员）对其了解甚少，普通大众就更无从说起。因此，扩大对近红外光谱技术的宣传非常迫切，也非常重要。

《点亮我们生活的近红外光谱》一书以科普的写作方式，以一位普通中学生一天接触到的事物为主线，将近红外光谱分析技术的应用系统完整地展现给普通大众，书中文字流畅，通俗易懂，利于读者对这项技术的认识和接纳。书中还介绍了近红外光谱分析技术的开端以及对这项技术未来十年的展望，内容生动丰满，图文并茂，前后呼应，浑然一体，可读性非常强。其中讲述的不仅仅是科学知识，还蕴含了许多科学精神和工程思维。相信本书的出版会吸引一大批读者，尤其是与光谱学和光谱分析专业相关的本科生、研究生、工程师和科技工作者。同时，这本书也可作为从事近红外光谱专业的教师和同学的一本有趣的教材。

科普是科技推广的自然要求，相信这本书对近红外光谱分析技术的普及将会起到非常积极的作用。

近红外光谱的应用如初升的朝阳，绚烂无边。

近红外光谱的魅力如天边的彩霞，缤纷迷人。

纵观天、地、人，历数农、工、商，近红外光谱与我们的生活密不可分。

希望大家能喜欢此书，更喜欢上近红外光谱。

是为序。

中国科学院院士

2021 年 4 月 28 日

前言

近红外光谱是光谱大家族的一员，位于紫外 - 可见光谱和中红外光谱之间，但它与其他光谱例如中红外光谱和拉曼光谱有显著差异，它的吸收峰较宽，与分子官能团对应的特征性分辨较差，因此，自近红外光被发现（1800 年）到 20 世纪 60 年代末，约 170 年的时间里该波段的应用没有实质性的进展。

20 世纪 60 年代末，在美国农业部工程师 Karl Norris 博士的引领下，近红外光谱这个沉睡百余年的分析巨人终于被唤醒，并逐渐显示出它本有的强大分析能力。

近红外光谱兴起背后的主要原因是计算机技术的出现，一方面分析仪器与计算机的结合，使分析信号数字化得以实现，显著提升了分析信号的储存和利用效率；另一方面，计算机与数学、统计学和化学的结合，产生了化学计量学学科，能从高度重叠的分析信号中分辨和提取大量有用的信息，使复杂混合体系（如谷物、食品、药品、石油、土壤等）的直接定量和定性分析成为可能。

近红外光谱之所以成为分析巨人是因为它改变了传统的取样回实验室进行分析的测量方式，实现了现场、在线分析。近红外光谱的测量方式非常灵活便捷，它通过不同的专用测量附件，不需要任何的前处理，就可直接无损地对多种与我们生活息息相关的物品进行分析，例如谷物、水果、纺织品、饮料和奶制品等。而且，近红外光能通过石英光纤传输，这意味着光谱仪可以远离工况比较复杂的测量点，因此可用于石化等大型装置的在线分析，实时测量物料的组成和物化性质。如今，近红外光谱的应用几乎覆盖了人类生活的方方面面，在科学研究、工业、农业、商业、国防等领域发挥着越来越重要的作用。

目前，全球约 90% 的小麦贸易是基于近红外光谱分析仪对整粒谷物检测蛋白质含量进行的，这不仅显著提高了分析速度，而且节省了大量的成本。据统计，西方发达国家精细农业采用近红外光谱技术后，稻米产量每公顷提高约 0.6 吨，小麦产量提高约 1.1 吨，小麦蛋白质含量提高约 1%，获得了可观的经济效益；我国东北三省在大豆育种、种植、收购和加工环节采用近红外光谱分析技术后，大豆蛋白质含量也有显著性提高，起到了农民增收、企业增效、国家增税的效果。在国内外大型流程工业，诸如炼油和石化企业，在线近红外光谱分析技术已成为智慧工厂的重要感知器，是现代智能化炼厂的标志性技术之一，与优化控制系统结合带来了巨大的经济和社会效益；在制药领域，以近红外光谱为代表的现代过程分析技术可对制药过程的关键质量参数进行监控，以改进质量并降低药品的制造成本，在国际大型制药企业得到广泛的推崇，取得了很好的应用效果；在科学前沿研究领域，功能性近红外光谱技术在高级认知神经科学、发展认知神经科学和精神病学等领域取得了一系列重大研究成果；在商业领域，据报道，美国研究机构对上千份食品掺假案例进行总结，发现橄榄油、牛奶、蜂蜜、咖啡和橙汁是 5 种最常见的掺假食物，近红外光谱在现场无损快速鉴别这些掺假食品方面也独具优势。

近红外光谱分析技术是一门典型的多学科交叉技术，涉及仪器学、光谱学、统计学、数学和计算机等学科。近红外光谱的分析思路不同于基于物理分离的色谱方法，也不同于基于朗伯 - 比尔定律的传统光谱分析方法，它是一种建立在对复杂物质直接光谱测量和多元校正基础上的全新分析技术。目前在我国本科和研究生教材中都没有专门的章节对近红外光谱进行介绍，近红外光谱知识大都是通过学术讲座和技术交流的方式传授，或者以自学相关专业书籍的方式获取。因此，象牙塔里的莘莘学子对近红外光谱的了解很少，即使有了解也是零散的、碎片化的，不完整，更不系统。

本书包含三部分，第一部分介绍近红外光谱的应用，是本书的核心。以一位中学生一天接触到的事物为主线，把近红外光谱在诸多领域的应用有机地串联了起来，可让读者畅游在近红外光谱的知识海洋里，不仅有助于对这项技术的全面了解，还可使读者从中碰撞出新的思想火花，扩大思维的视角，扩宽思路，进而与自己的工作相结合，进一步提升这项技术或者扩展该技术的应用面。为增加可读性，本书对测量对象的相关知识点都做了铺垫式的介绍，力求通俗易懂。第二部分介绍近红外光谱的兴起，包括什么是近红外光谱，近红外光谱是如何获得的，近红外光谱含有哪些有用的化学信息，以及如何通过近红外光谱技术进行定量和定性分析，主要讲述近红外光谱技术的工作和应用模式；第三部分主要对近红外光谱技术未来 5～10 年的发展做出展望，让读者了解这项技术的发展趋势。

本书的受众群体是高年级的本科生、硕士和博士研究生、企业的工程师和管理人员、政府相关部门的公务员以及工人、农民、自由创业者和从业者等普通大众。

高年级本科生是本书的主要受众群体，本书不仅能够拓宽他们的知识领域，优化知识结构，还有可能与他们的专业知识融会贯通，灵活加以运用，无论将来是走上工作岗位还是继续深造，都将会产生潜移默化的影响。"教育不是注满一桶水，而是点燃一把火。"本书关于光谱分析方法的起源故事、近红外光谱分析技术创始人科学家 Karl Norris 博士的故事、以及近红外光谱独特的建模分析思路，能够感染新时代的大学生，激发他们的好奇心和创新精神，培养他们勇于探索真理、敢于向权威挑战的科学精神，同时也能使他们获得有益的人生启迪。从新仪器和新方法产生的海量量测数据中挖掘有效信息技术，会进一步加强培养他们的数据解析思维和能力，这在大数据、云计算和人工智能的现代科技社会中更具现实意义。

硕士和博士研究生是本书的重要受众群体。爱因斯坦说："想象力比知识更重要，因为知识是有限的，而想象力概括着世界的一切，推动着进步。"研究生正处于具有朝气、勇于创新的年龄，有着蓬勃的创新活力和巨大的科研潜力，是未来科技创新的主力军。近红外光谱解决分析问题的思路和途径极有可能激发他们丰富的想象力和无穷的创造力，学会站在巨人的肩膀上作巨人，对科学研究产生浓厚的兴趣并进行大胆探索。更期待有部分研究生能感受到近红外光谱的魅力，能对这项技术产生兴趣和热爱，并把它当成一生为之而奋斗的事业。

企业工程师、管理人员和政府相关部门的公务员是最具现实意义的受众群体。期望与本书的相遇，能加速他们对近红外光谱分析技术的认识，将其应用于广阔的无限可能之中，助推其持续、健康、快速地在我国发展。

最后也是最具潜力的受众群体是普通大众。如果您是一位正在为孩子填报高考志愿的家长，与本书不经意间的相逢，也许会对您有所启迪，从此帮助孩子走上一条精彩纷呈的人生道路。如果您是一位小学生的妈妈，看完此书，在日常生活中，若涉及食品品质检测话题时，能提到近红外光谱分析技术，也许就把近红外光谱的科学种子种在孩子的心间。如果您是一位刚刚退休的中老年人，此书极有可能对您去超市购物有所帮助，也许您会成为近红外光谱强有力的传播者。如果您是一位果农朋友，此书极有可能彻底改变您经营果园的理念，从此为果园插上腾飞的翅膀，跻身世界最强果园的阵营。总之，本书将打开一扇近红外光谱与普通大众交流的窗口，让最前沿的科技走进寻常百姓家中。

本书汇聚了我国近红外光谱界几乎所有同仁的集体智慧，各领域的带头人和应用一线的工程师对本书的撰写和制作付出了大量的心血，在此表示衷心的感谢。特别说明的是，本书的章节标题采用成语谐音换字的形式进行编写，鉴于本书的主要受众群体是大学生以上的人员，这不会对青少年规范使用文字带来不良的影响。

写一本好的科普读物并非易事。尽管作者们都费尽了洪荒之力，尽可能避免较专业的术语，用通俗易懂的语言，力求将科学性、知识性、技术性、实用性和趣味性集于一体，深入浅出地阐述近红外光谱分析技术及其应用，为引人入胜，还专门绘制了一系列贴合内容的插图，但是鉴于作者们的文学功底不够深厚，而涉及的知识领域又十分宽泛，书中一定还会存在诸多不足甚至不妥之处，敬请广大读者提出宝贵的意见，以便再版时加以改正。

青山遮不住，毕竟东流去。目前我国正处在一个新的发展机遇期，愿本书的出版能够推进近红外光谱技术的发展，发挥其在经济建设、造福人民方面的重要作用，让它越来越走近我们的生活。

近红外光谱的一天，

五彩缤纷的生活，

波澜壮阔的时代。

未来可期，不负韶华。

中国梦、近红外梦正在实现！

褚小立

2021 年 6 月 18 日

目录

第2篇

近红外光谱技术的兴起
——肉眼看不见的历史

/

183 * 第3篇

展望未来
——如约而至，未来可期

第 1 篇

近红外光谱分析在日常生活中的一天——平凡中蕴藏着伟大

每天清晨，从甜美的梦中醒来，睁开双眼，和煦的阳光便映入眼帘。光是什么颜色的呢？我们日常看到的阳光往往只是单调的白色，但可不能就这样给光的颜色下一个草率的定义。在我们看得见的白光中，有日常看不见的绚丽。雨过天晴后，白光中的七色才大大方方以彩虹的形式呈现。而在彩虹的红光外，在红色尽头，目光之外，便是肉眼看不到的红外线。虽然目不可视，但红外线仍然和我们的生活密不可分。从清晨到夜晚，从大地到天空，红外线时时刻刻存在于我们身边。让我们走进汉柯的一天，带你了解陌生又熟悉的近红外光谱。

1.1.1 了"乳"指掌——牛奶生产全过程的检测

汉柯是一个初一的北京男孩，每天早上七点半，伴随着闹钟的丁零作响和妈妈的催促唠叨声，汉柯匆匆洗漱，来到餐桌。妈妈为汉柯准备好了丰盛的早餐，还特地为正在长身体的汉柯备好一杯浓郁的牛奶。阳光透过玻璃杯为乳白色的牛奶镀上了一层暖黄的光晕，也为崭新的一天铺下了希望。牛乳香浓一勺泉。牛奶的品质事关每一个消费者，在摆上餐桌之前，每一滴牛奶都经历了严格的检测，以保证营养健康和安全。

新石器时代期间，人类开始了动物驯化。从动物身上，人类获取骨、肉、乳汁及皮毛等物质以满足自己的需要。作为初级消费者，草食类哺乳动物可以将不能被人类直接食用的饲草转化为营养丰富的乳汁，奶牛因产量高和对饲养环境的需求低，已成为世界上最广泛的动物奶来源。牛奶富含脂肪、蛋白质、碳水化合物、乳糖和以钙为主的微量元素，其脂肪和乳糖含量与人乳相对接近，所以牛奶的口味更容易被人接受。20世纪初，乳品进入到工业化量产阶段，每年产量达 50 亿吨，如今已成为全球食品工业的第二大产业。牛奶是水包油型的乳浊液，其中脂肪以小球或小液滴状分散在奶体中，乳蛋白主要为酪蛋白和乳清蛋白，以胶粒和胶束状态存在，乳糖则完全溶解水。牛奶呈现乳白色是其中的脂肪球及蛋白质微粒对光不规则反射的结果。

牛奶的品质事关每一个消费者，在来到汉柯餐桌之前，每一滴牛奶都必须经过严格的检测，以保证其中的营养物质（例如蛋白质、脂肪和总乳固体等）含量达标。

牛奶的质量既取决于原料奶品质，也和加工工艺息息相关。原料奶成分会因季节、地区和奶牛品种的不同而有较大的差异，为了保证原料奶的品质，很多奶制品公司有专门的奶牛养殖基地。早在奶牛的养殖过程中，近红外光谱技术就已大显身手了。高质量的原料奶是生产优质牛奶的前提，而营养丰富且均衡的饲料是高质量原料奶生产的基础。全混合日粮技术（Total Mixed Ration，TMR）根据不同类群奶牛或不同泌乳阶段的营养需要，把青贮、干草等粗饲料、精饲料和各种常量元素、微量元素等添加剂，按照适当的比例进行充分混合，制作成营养相对平衡的日粮进行饲喂。现代养殖基地会根据奶牛的生理阶段、生产性能进行分群饲喂，每一个群体的日粮配方各不相同，需要分别对待。为了降低养殖成本，获取最大收益，奶牛全混合日粮技术在大中型奶牛养殖场得到了较为广泛的应用。

近红外光谱技术在全混合日粮配制过程中发挥着重要的作用，可快速测定饲料原料的营养成分，包括粗蛋白、可降解蛋白、非降解蛋白、酸性洗涤纤维、中性洗涤纤维、有效中性洗涤纤维、粗灰分、干物质、总可消化养分等指标。牧场配方师根据近红外光谱快速测定的营养成分结果，结合饲料优化配方技术，使奶牛全混合日粮营养成分精准控制在设定的优化范围内，保证奶牛日粮营养均衡，提高饲料转化率，降低饲养成本，使成年母牛达到最高产奶量，从而实现利润最大化。

便携式近红外光谱分析仪用于青贮饲料品质的现场测量

青贮玉米是奶牛重要的粗饲料来源，也是支撑我国畜牧业发展的"标杆性"饲料，具有来源广、成本低、制作简便等优点，对提高奶牛的生产性能和经济效益具有重要意义。因此青贮玉米中所含营养成分（干物质、淀粉、粗蛋白、中性洗涤纤维、酸性洗涤纤维、脂肪、灰分等），直接影响了奶牛的健康以及奶品的产量和质量。目前，国内不少规模牧场都将青贮玉米作为全年饲养奶牛的主要饲料。

据估算，每头奶牛每天喂食量可达到 10 至 25 千克，一头奶牛年需 5000 千克以上的青贮饲料。对于规模牧场来说，青贮玉米收购季一般持续 2 至 3 周，大概 20 天左右，以此粗略计算，若以干物质含量 35%、淀粉含量 33% 的标准，去收购实际干物质含量仅为 30%、淀粉含量为 28% 的青贮玉米，当年收购 1.5 万吨，经济损失将为 200 多万元。青贮玉米水分、纤维含量高，经典的湿化学检测需要耗费大量的时间先将青贮玉米烘干磨成粉末，再对其进行湿化学预处理，才能进行化学分析得到结果。采用近红外光谱技术，可以省去烦琐的预处理过程，依赖牧场建立的符合我国气候、土壤、水质等条件下收割的青贮玉米和苜蓿干草等粗饲料的近红外光谱数据库，我们可以直接对干物质、淀粉、粗蛋白等关键指标进行检测，几分钟内拿到检测报告。规模牧场可以在繁忙的收割季，对每车青贮玉米的质量进行现场快速检测，实现对粗饲料的高效精准利用。

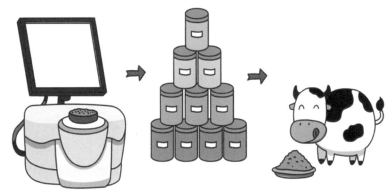

近红外光谱快速分析结果用于饲料配方的精确制订

除了饲料，奶牛的健康是保证高质量原料乳的另一重要因素。近红外光谱可测定牛奶中体细胞数（SCC），该指标可以反映牛奶质量及奶牛的健康状况，例如：如果 SCC 高于 80 万个 / 毫升，则可以判定奶牛的乳房健康出现了问题，有可能患了亚临床的乳房炎，产奶能力将减弱，牛奶品质也会下降。在一些试验场，微型的近红外光谱传感器已安装到奶牛乳房上，为奶农提供单头牛的牛奶质量和生理条件信息，以实现科学管理。再比如，围产期高产奶牛处于能量负平衡时，血液和牛奶中的 β- 羟丁酸、丙酮和乙酰乙酸含量会随之升高，最终导致酮病、脂肪肝等能量代谢障碍性疾病的发生。传统使用试剂盒测定血液和牛奶样品中的丙酮和 β- 羟丁酸含量，该方法耗时长、精度低。利用近红外光谱技术，通过快速测定牛奶中的丙酮和 β-羟丁酸含量，可以实现对高血酮病奶牛的高效筛查。

饲养环境控制对奶牛健康也至关重要，奶牛粪便的合理处理是饲养环境控制的主要环节之一。动物粪便主要由食物残渣、微生物、胃肠分泌物、胃肠脱落物、代谢性激素以及水和矿物质组成。粪便所含食物残渣必然携带有日粮信息，诸如日粮植物成分、营养成分及其消化率。通过对动物粪便的近红外光谱分析，牧场就能对日粮中的营养成分进行检测，可及时为动物补饲提供依据。我们甚至能从粪便的近红外光谱中得到动物生理状态的信息，例如动物性别、品种鉴定、繁殖和寄生虫感染状态等。此外，近红外光谱对粪便肥料成分（总氮、总磷、总钾、铵态氮、硝态氮、酰胺态氮、有效磷、有效钾、有机质、腐殖质等）的快速分析，还可为粪便的肥料化利用提供依据，防止粪肥对环境的二次污染。

安装到奶牛乳房上的微型近红外光谱传感器，还可以实时自动评估挤奶过程中的牛奶质量，为奶农提供每头牛的牛奶质量和生理条件信息，以实现科学喂养管理。大多数奶牛养殖企业通过便携式近红外光谱仪实现原料奶中脂肪、蛋白质、干物质和乳糖含量的现场速测，从而进行分质储存。在收购过程中，乳品企业实行"以质论价，优质优价"的收购政策，便携式近红外光谱仪为按质论价收购提供了现场速测技术。更重要的是，原料乳的现场速测有利于乳品企业对原料乳进行分级处理，进一步提高企业的经济效益。

当原料牛奶运输到乳品企业后，经过一系列加工，生产出的成品牛奶销往各地，出现在家家户户的餐桌上。在纯牛奶生产过程中，为控制生产质量稳定，保证产品品质合格，在线近红外光谱分析技术成为最佳检测手段。它可实时检测纯牛奶中的蛋白、脂肪和全脂乳固体含量，当产品质量出现波动时，检测数据实时传输到用户工业装置控制系统，通过及时调整生产工艺参数，实现自动化优化生产。

除了液态牛奶的生产，在奶粉的整个生产工艺中的各个关键控制点，几乎都可以使用近红外光谱技术进行分析检测。它能够快速分析中间物料和产品中的蛋白、脂肪、水分、酸度、乳糖、蔗糖和总糖等指标，及时提供生产控制所需的检测数据，保证生产的同一品牌产品具有一致的品质和风味。例如，在喷雾干燥环节，对乳品水分的控制非常重要，奶粉要求水分含量为 2.0% ～ 5.0%，水分含量过高，奶粉会出现质量问题，水分含量过低，生产企业面临成本的压力。采用近红外光谱分析技术可实时在线测定奶粉的水分含量，与智能闭环控制系统结合，通过优化温度、进料速度和气流速度等干燥工艺参数，能获得稳定的水分含量，使奶粉中的水分含量更加接近目标值，从而极大提高了生产效率，增加了产量，降低了能耗等生产成本，产品不合格的风险也被降到最低，减少了返工和停机期。

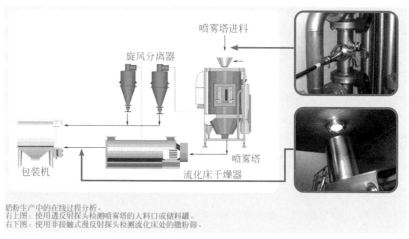

奶粉生产中的在线过程分析。
右上图：使用透反射探头检测喷雾塔的入料口或储料罐。
右下图：使用非接触式漫反射探头检测流化床处的撒粉筛。

典型乳粉喷雾干燥生产过程中的近红外光谱监测点

随着时代发展，人们对乳制品的要求不再单纯以营养为主，丰富的口味成为消费者选择乳制品时的重要标准。因此近些年的消费市场，除了传统的纯牛奶和奶粉，酸奶、奶酪、黄油、稀奶油、浓缩乳清等乳制品的份额增长迅速。

酸奶是全球最受欢迎的发酵乳制品之一，我国酸奶市场一直保持较快的增长速度。市面上的酸奶口味丰富多样，从纯酸奶到各种果味酸奶、巧克力味酸奶，口味和质地各不相同。借助近红外光谱技术，根据关键参数，例如脂肪、蛋白质和干物质等，可以在实验室或生产线上快速进行质量监测。除此之外，近红外光谱还可以实时监控酸奶发酵过程中的酸度，防止牛奶过度发酵，控制产品的质量。

奶酪因其营养价值高，口感丰富，应用场景广泛，逐渐受到国内消费者的青睐。近红外光谱技术可在数十秒内快速检测奶酪的各种指标，比如脂肪、蛋白质、总固形物、非脂乳固体、蔗糖物等。而且，还可以检测不同类型的奶酪，例如硬质奶酪、软质奶酪、切片奶酪、奶油奶酪等。此外，某些类型奶酪中的盐含量和 pH 值也可以同时分析。在奶酪生产过程中，近红外光谱可在线监测凝块的形成过程，并测定奶酪的脂肪和干物质含量等。

对于烘焙爱好者来说，黄油是一种不可或缺的原料。黄油的生产工艺中，最重要的是保持脂肪含量尽可能处于目标区间，在不超出规格的情况下使水分含量最大化。采用近红外光谱技术可以快速分析和监控黄油中的水分和脂肪含量，以指导生产，优化工艺参数，保障产品质量。

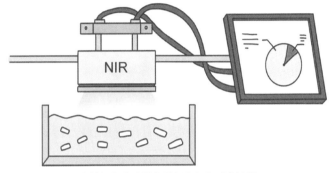

在线近红外光谱监测奶酪凝块形成过程

在奶粉市场流通领域，近红外光谱具有快速判别奶粉优劣以及是否添加违禁物的能力，一个重要的例子便是筛查奶粉中是否添加了三聚氰胺等非蛋白质氮源。此外，它还能根据不同品牌奶粉的成分特征，快速识别奶粉品牌。

总之，利用近红外光谱分析技术可以获得从奶牛饲养到乳制品的生产管理、过程控制、再到最终产品的准确分析数据。从奶牛的驯化，到牛奶的利用和各种乳制品的发明，无不闪耀着人类智慧的光芒，而通过近红外光谱透视牛奶成分质量，更是现代科技在乳品工业上的完美应用。

实际上，近红外光谱已应用于绿色循环农业的各个环节，在智慧农业和畜牧业中发挥着重要的作用。种植业和养殖业是农业的两大基础，种养结合是绿色循环农业发展的主要实现途径。种植业在为人类提供谷物、蔬菜、水果等农产品的同时，还可以为养殖业提供粗饲料（比如青贮饲料）和精饲料原料。养殖业在为人类提供肉、蛋、奶等禽畜产品的同时，所产生的粪便等养殖废弃物可以为种植业提供良好的肥料。近红外光谱技术的广泛应用有效促进了种养业的有机结合，保证了农产品和禽畜产品质量的提高。

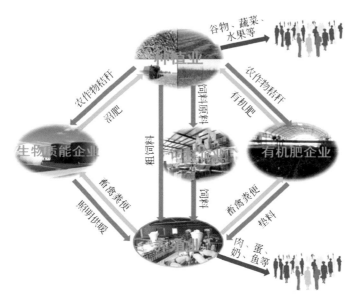

近红外光谱可用于种养结合的绿色循环农业的各个环节

1.1.2　面"面"俱到——面筋高低决定面粉用途

> 　　南稻北麦。小麦，跨越万里从新月沃地来到华夏九州。它身后的足迹是人类演进的符号，浮动的麦穗是用清风细雨谱成的乐符，经春夏秋冬锤炼，由大山长河演奏。汉柯的妈妈是北方人，无论是传统的馒头、面条，还是特色的西式面包糕点，各色面食她都信手拈来。为了保证全家人的营养健康，每天早晨汉柯妈妈都花费心思，将各式面点端上餐桌。各式面点的前身，都是雪白的面粉，而面粉前身，则是一粒粒的麦子。

　　说到面粉，就不得不提到近红外光谱技术在面粉加工和小麦检测中的应用。面粉中蛋白质含量和品质是决定其加工品质、食用品质和市场价值的最重要因素。通常根据面粉中蛋白质含量和组分造成面筋性质的差异，将小麦分为强筋小麦、中筋小麦（强中筋、弱中筋）和弱筋小麦。例如制作面包就要用强筋小麦粉以求面包体积大、口感好；制作面条、水饺就要用中强筋小麦粉以求筋道、爽滑；而用弱筋小麦粉制成的蛋糕松软、饼干酥脆。我国长期种植的品种是中筋小麦，强筋和弱筋小麦较少，这就形成了我国面食以馒头面条为主的饮食结构。

小麦品质的好坏决定面粉品质的高低，没有合格的原粮难以生产合格的产品。原粮的验收、出仓、科学合理配比是面粉生产的关键起点，也是决定面粉最终质量的关键控制点。从小麦收储环节就开始采用近红外光谱进行检测了，根据小麦的水分、灰分、蛋白质含量等指标，实现按质定价收购，并按质分仓储存，实现了"专收、专储、专用"的定向收储模式。

随着科技不断进步，面粉生产工艺、生产设备也不断地升级、改造，面粉生产由原来的通粉逐步向等级粉迈进，由于等级粉的需求，配麦、配粉的重要性愈发凸显。面包粉、饺子粉、馒头粉、面条粉等都是由不同粉管、不同粉路、不同原粮配比生产出来的，配比要精准、快速。在制粉过程中，应用近红外光谱检测技术，粮油加工企业可结合不同的配方进行智能化生产，极大提升企业生产加工的决策效率及产品质量的稳定性。

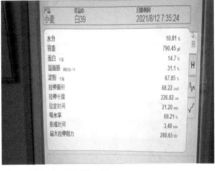

近红外光谱可快速分析面粉的多项品质参数

利用近红外光谱快速分析数据，可将不同级别、不同蛋白质含量的小麦混合搭配，以生产出不同品质的专用粉，同时还可以快速检测各道面粉的蛋白质、水分、灰分、吸水率、湿面筋含量、面团形成时间、稳定时间等指标，能够及时发现生产过程粉路的波动和原粮的品质差异，以准确地对粉路和原粮进行调整，保证面粉品质稳定可控，产品指标符合要求。若蛋白质含量在预定范围之外，反馈控制装置会自动改变搭配小麦的比率，在保证面粉质量稳定的同时，最大程度地利用次等质量和高质量的两种类型原料小麦。最后再将不同品质的基础粉进行在线配粉，生产出适合各类食品要求的面粉。

现代面制品业和烘焙业正朝着自动化、规模化、标准化方向发展。由于近红外光谱可以直接反映面团中水分、蛋白质、脂肪和淀粉等主要成分的含量，因此，在面食制作过程中，近红外光谱可用来在线监测面团调制过程，研究调制过程中的面团特性变化与所发生化学反应之间的关系，以及判断最佳的调制时间等，以保证最终食品质量稳定，品味一致。

面包在储藏过程中，时刻面临着老化的威胁，新鲜的面包香味浓郁，口感松软湿润，随着老化过程的进行，逐渐变得坚硬且易掉渣，口感变硬，味道平淡不良，失去新鲜感。淀粉结晶网络结构可以反映面包的老化程度，利用近红外光谱测定面包储存过程中的物理变化（光谱的反射特性随组分结晶增多而改变）和化学变化（水分与淀粉的相互作用及淀粉结晶网络结构变化），可为面包的老化机理研究提供重要依据。

挂面是一种传统的中国面食，因口感好、食用方便、价格低、易于储存，一直是人们喜爱的主要面食之一。在我国，挂面可谓历史悠久。唐代、宋代是面条真正成"条"的时期。元代、明代已经有挂面的问世，当时主要采用太阳光晒干。新中国成立前，挂面大都手工制作，仅少数采用机械制作。新中国成立后，制造业迅速得到发展，挂面生产线的机械化程度日益提高，室内烘干技术得到较为普遍的推广。如今，挂面制造行业已经不再是传统的粗加工行业，利用现代食品加工的高新技术，传统的挂面加工变成了大型的工业化流水线连续生产，保证了产品的安全性和高品质。

现代化挂面生产的主要工序包括原料预处理、和面、熟化、切条、干燥、切断、包装等。在整个生产过程中，面条中水分含量的控制是面条生产的核心、是控制面条品质和食品安全的关键控制点、也是控制生产成本的关键所在。对于及时准确监测面条的水分含量，近红外光谱是当之无愧的首选技术，线上、线下均可应用，快捷准确地为生产提供数据，以及时调整烘房温度、烘烤时间、链条速度等生产过程工艺参数，在保证产品品质的前提下，不仅能够提高产率，还能显著节约生产成本。

在挂面生产中，除了水分含量外，近红外光谱技术还能够快速准确检测面条的烹调损失、酸度、盐等指标，能做到包装入库与产品出厂检验报告同步，既保证产品品质又加快库存周转，大大降低产品库存时间，提高库存周转率，实现企业利润最大化。

方便面是一种可在短时间之内用热水冲泡食用的面制食品，随着人们生活节奏加快及出行需要，方便面成为现代生活不可或缺的食品之一。在方便面生产自动化程度越来越高的今天，生产企业越来越高度重视生产过程品质控制和食品安全管理，对面粉搅拌、熟化、压片、切条、波纹、蒸煮、冷却、定量分切、油炸、包装、成品检验等每一个流程、每一道工序都进行严格把控。

在方便面检测中，近红外光谱分析技术能快速准确分析水分、脂肪、盐、酸价、过氧化值、碘呈色度（IOD 值）等指标。方便面生产涉及到面粉、油脂、肉、调味品等多个领域，在生产过程中，近红外光谱已被用于面粉、棕榈油、肉、酱油、醋、香精香料、添加剂等原料的水分、灰分、湿面筋、脂肪酸酯、稳定时间、吸水率、延伸性、酸价、过氧化值、碘价、挥发油、挥发性盐基氮、蛋白质、氨基酸态氮、总酸、脂肪、盐、酸度等指标的快速检测，极大地提高检测效率、降低检测成本，做到原料随到、随检、随用，能够更快速、更好地指导生产，控制库存，保证产品品质，显著提高企业经济效益。

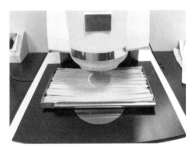

近红外光谱快速分析挂面和方便面的品质参数

1.1.3 一"麦"相承——小麦品质监测网络

在古代，我们祖先为了将小麦制成面粉，苦心钻研出了盘盘石磨，并在祖先们辛勤的劳动中成就了传统面点。数千年的发展，从粒食到面食，从麦饭到面点，食物形态截然不同，但本质却是一脉相承，记录了华夏大地千万年来的波涛汹涌。如今工厂自动化的机器替代了远古遗留下来的磨盘，但运转的原理和外貌，仍携带着那固有而古幽的神韵，传递着庄严精细的峻烈，感知着古今交织的灵魂。喷香松软的传统面点，也一直被后人传承至今。

育种是小麦生产的重要一环，利用近红外光谱技术，可以实现无损检测，避免破坏种子，使之仍可用于播种。近红外光谱技术可以直接快速检测单粒、单穗或单株小麦的蛋白质等含量，极大地加快了新品种选育的进程，提高了作物育种效率、缩短了育种周期。除了种子的成分含量，近红外光谱还可快速测定种子活力、种子纯度以及鉴别种子的品种。农作物种子关系着粮食产量与国计民生，新技术的引入加强了我国的农业安全。

种子活力是全面衡量种子质量状况的一个重要指标，直接关系到种子质量安全、种子保存和播种方式等问题。通过近红外光谱技术，可以在播种前，优选出高活力种子进行播种。高活力种子不仅生命力旺盛，对病、虫、杂草和低温都具有较强的抵抗能力，播种后出苗均匀且迅速，保证苗全、苗壮，可明显地增加作物产量、提高作物质量。另外，机械化单粒精播技术在我国不断推广和应用，该技术采用"一穴一粒"播种法，无需进行间苗、剔苗和补苗等工作，节约大量工时，避免了种子和土壤肥力的浪费。

依托"3S"技术，即遥感技术（Remote Sensing，RS）、地理信息系统（Geographical Information System，GIS）、全球定位系统（Global Positioning System，GPS），可以实现精准农业的变量施肥。现代"精准农业"技术已应用于小麦生长全过程管理，正深刻改变着传统耕作方式，大幅度地提高耕作效能。在"3S"技术中，遥感技术负责信息的采集和提取；全球定位系统负责对遥感图像及从中提取的信息进行定位，赋予坐标，使其与"电子地图"套合；地理信息系统是信息的"大管家"。

在遥感技术中，可见和近红外光谱是重要的信息源。通过星载、机载或行走式（On-the-go）的高光谱成像技术，能够大面积、迅速、无破坏地监测小麦生长和病虫害等状况，从而实现精准施肥、精准喷药、精准灌溉和精准收割。例如，归一化差值植被指数（Normalized Difference Vegetation Index，NDVI）是农作物监测中应用最为广泛的光谱参数之一，它是利用绿色农作物在红光波段的高吸收率和在近红外波段的高反射率的光谱特性计算得到的植被指数。NDVI能够反映生长发育状况，实现对农作物长势的连续监测，并可以对农作物产量进行估算。

携带近红外光谱的农作物监测无人机

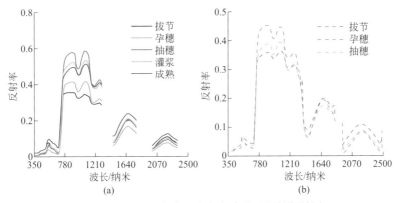

不同生育期的水稻（a）和小麦（b）的冠层光谱反射率

通过光谱遥感数据可以获取作物叶面积、叶绿素、氮素、水分和病虫害的光谱诊断模型，依靠 GPS 定位功能，得到作物生化指标的空间分布图，然后根据作物生长模型、施肥模型和专家知识，计算出理论肥料需要量，再综合考虑农机作业幅宽和成本等因素，得到最终的可以实际操作的施肥方案。

安装在收割机上的近红外光谱分析仪

　　在小麦收割时，安装有近红外光谱分析仪的收割机，可实时检测小麦的蛋白质、淀粉、水分等指标，结合 GPS 定位功能，不仅可以生成小麦产量的空间分布图，还可以得到农作物中各类营养物质的空间分布图。结合近红外光谱技术，现代化的农场可以根据一块农田多年积累的数据，采用聚类法将地块分为不同的分区，做出地块分区管理图，达到精准耕作的目的。

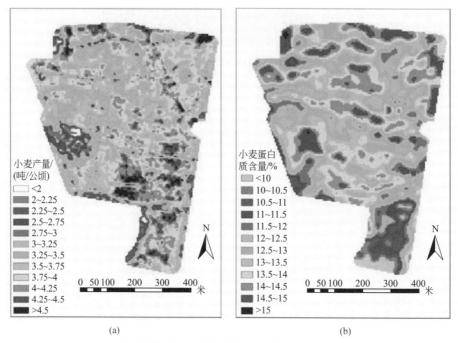

小麦产量（a）和蛋白质含量（b）的空间分布图

　　利用近红外光谱和网络技术，我国科研人员建立了中国小麦主产区的品质监测网络，该网络主要由 1 个参比实验室、1 个网络管理中心、1 台网络主机和分布在全国 7 个粮食主产省区的 30 多台网络子机构成。放置在各监测点的近红外光谱仪器快速分析小麦的水分、淀粉、蛋白质含量以及小麦的品种等数据，根据采样点的 GPS 定位信息，与遥感预测数据相结合，构建出不同尺度区域下的小麦品质空间分布图，用于指导收购。

　　对于企业而言，小麦品质空间分布图可为不同企业提供定向定量收购小麦的依据，从而降低收购风险，也为企业合理调整加工流程提供数据参考。从国家层面上，小麦品质空间分布图也可作为调优栽培和农业规划的依据，利用这项技术统筹规划小麦质量监控、仓储、物流等各个环节的发展，提高粮食生产和质量水平，规范粮食期货贸易，确保国家粮食安全。

20世纪90年代初，加拿大和丹麦等国家就建立了谷物近红外光谱分析网络，在按质论价收购谷物方面基本替代了耗时耗力的传统化学分析法。新技术不仅大幅降低了谷物的检测成本（近红外光谱的分析成本约为传统化学分析方法的5%），还建立了公平交易、优质优价的谷物收购模式，增加了农民精耕细作的动力。有文献报道，澳大利亚采用近红外光谱技术辅助农作物管理后，每公顷稻米产量提高约0.6吨，小麦产量提高约1.1吨、蛋白质含量提高约1%。

据统计，目前世界上90%以上的谷物是依靠近红外光谱提供的品质数据进行交易的。美国在小麦定购合同中已规定可采用近红外光谱测定蛋白质含量，对于出口的硬红春麦，标准规定蛋白质最低含量不少于13.5%，在此基础上蛋白质含量每增加0.1%，离港价可提高0.5%。在加拿大，对于一台处理量为17万吨的小麦升运机，通过混合不同蛋白质含量的小麦，可以"人为"将小麦的蛋白质含量增加0.2%，按照每吨小麦每增0.1%蛋白质产生1美元的效益计算，每台小麦升运机可产生约35万美元的效益。

小麦在存放期间易受温度、湿度、虫害、鼠害的影响，其品质会发生劣变。据报道，我国每年有3100多万吨粮食在生产、储存、运输过程中被真菌毒素污染，约占粮食年总产量的6.2%。目前已有400多种真菌毒素被发现，其中对人类健康有害的有300多种，对于谷物而言，主要的真菌毒素为黄曲霉毒素、玉米赤霉烯酮、脱氧雪腐镰刀菌烯醇、赭曲霉毒素、伏马毒素等。这些毒素稳定性高，不易被物理或化学方法破坏，可通过污染谷物制成的饲料传递给牲畜，进而出现在肉、蛋、奶等动物产品中，人类食用后会产生致畸、致突变、致癌等危害。传统的真菌毒素检测方法有高效液相色谱法、薄层色谱法、液相色谱 - 质谱法以及酶联免疫吸附法等。这些方法虽然准确性高，但所需设备复杂、步骤烦琐、检测周期长，很难实现现场快速检测，不适于大量粮食样本的快速筛查测定。近年来，光谱技术特别是光谱成像技术，以其特有的客观、低成本、快速、无需样品预处理等优势，已成为谷物霉变检测领域的研究热点，并朝着高灵敏、高通量、多功能等方向发展。

1.1.4 "豆"志昂扬——蛋白质决定大豆价格

> 　　牛奶虽好，但患有乳糖不耐症的汉柯爸爸却无法肆意享受。因此，一杯热气腾腾的传统豆浆便成了汉柯爸爸的最爱。"风烟绿水青山国，篱落紫茄黄豆家。"大豆是中国的原生作物，在我国的种植已有 5000 年历史，是优质可靠的植物蛋白质来源。孙中山先生说："以大豆代肉类是中国人所发明。"旧中国的种植业与农牧业严重不协调，肉类蛋白和奶类蛋白严重贫乏，仰仗大豆的蛋白质，才满足当时中国人正常的人体需求。进入新时代，大豆的地位依旧无法撼动。

　　大豆中蛋白质含量高达 40% 左右，并且含有人体所需的 8 种必需氨基酸，被称为"完全蛋白质"食物，长期以来一直是优质、廉价的天然蛋白质来源。随着现代营养学的不断发展，人们对其价值有了更加深刻的理解，除了供人类食用，大豆还可以为畜牧业提供廉价蛋白源，大豆中蕴含的天然产物（磷脂、甾醇、异黄酮、皂苷、低聚糖、维生素 E 等）让其经济价值得到进一步的提升。

　　中国是世界上最大的非转基因大豆产区和食用大豆消费区，豆腐、豆浆、腐竹等豆制品在我国有着悠久的食用历史。随着食品工业、育种技术的发展和人民生活水平的提高，大豆种植、贸易、加工全链条的品质检测需求显著提升。传统上，大豆及其加工产物（蛋白质、脂肪、水分等）品质的检测主要采用经典分析方法，如索氏提取法、杜马斯定氮法、气相色谱法、液相色谱法及色谱 - 质谱联用技术等，这些方法需要化学试剂，且操作复杂、耗时长、成本高，无法满足规模化应用场景对快速无损检测（现场检测、在线检测等）的需要。快速检测和以质论价成为大豆产业的刚需环节，基于近红外光谱的大豆粗蛋白质含量、油含量、水分含量的快速检测技术近年来发展迅速，并已经广泛应用于大豆贸易的采收环节。

　　2018 年 1 月，中华粮网发布题为 "2017 年东北三省大豆质量较好，高蛋白大豆比例大幅上升"的报道，根据调查统计，东北产区达标高蛋白大豆比例为58.0%，较 2016 年增加 39.6 个百分点。高蛋白大豆比例之所以大幅上升，是因为油脂加工企业出台了以大豆蛋白质含量定价的新策略。新收购策略的出台，很大程度上要归功于近红外光谱技术，该技术使油脂加工企业在收购大豆时能快速

（几分钟内）测定大豆的品质，现场依据蛋白质含量进行定价，给了农业领域积极提高大豆蛋白质含量的动力。

近红外光谱用于大豆现场收购的按质论价

新添的应用场景让近红外光谱仪获得了更大的市场，大豆贸易商也大量购置近红外光谱分析仪，在收购现场使用。国内外近红外光谱仪器厂商察觉到这一商机，通过多种技术手段不断降低仪器生产成本，让该技术普惠了更多的粮农。按质论价已改变了东北三省大豆的种植结构和粮农的思路，过去只管种、不管卖的思路正在逐步转变，一些种植大户也购置近红外光谱分析仪，指导大豆的种植和经营。粮农不再盲目追求大豆产量，而是顺应市场导向，选用蛋白质含量高的大豆品种种植。

2018 年 10 月，中国农业新闻网报道，在近红外光谱技术的帮助下，黑龙江省农业科学院选育的大豆新品种"绥农 76"的蛋白质含量高达 47.96%，远超黑龙江省内大豆蛋白质含量 40% 的平均值，也超过了高蛋白质含量大豆 44% 的标准线。可见，近红外光谱技术在大豆产业源头的育种环节就已发挥巨大的作用，通过对种子的蛋白质和含油量等参数进行快速检测，筛选优质豆种，近红外光谱技术帮助科研人员攻克了一个又一个育种难题。

我国的大豆制品可分为三大类：一是传统豆制品，包括非发酵制品（豆腐、豆腐干等）和发酵制品（酱油、腐乳等）；二是新兴豆制品，如豆奶粉、豆奶等全脂大豆制品以及大豆分离蛋白、蛋白饮料等蛋白制品；三是具有保健功能的大豆磷脂、低聚糖、异黄酮及大豆纤维等制品。1999 年 12 月，美国食品药品监督管理局（Food and Drug Administration，FDA）认定大豆蛋白的保健作用后，大豆制品生产与消费进一步增长，已经成为新世纪的"黄金食品"。豆制品品种繁多，消费量巨大，在其品质快速检测领域，近红外光谱技术大有可为。

豆粉是大豆经粉碎、脱皮、热磨、调制等工艺而制成的一种营养丰富的食品，相比于传统的豆浆，豆粉无苦涩味、豆腥味等，口感十分美味。但是，由于食品安全事件的频繁发生，对豆粉的食品安全检测工作也成为了人们关注的重点。近红外光谱技术可对豆粉中的脂肪、蛋白质和碳水化合物等主要营养成分进行检测，能够快速获悉豆粉的质量和掺假情况，确保豆粉食品安全。

再例如，腐竹是我国典型的传统干制豆制品，有着悠久的历史。腐竹是豆浆中的蛋白质分子在变性过程中与脂肪分子相聚合而形成的薄膜，具有良好的风味性、营养性和健康性，能为人体提供均衡的营养，长期以来深受人们的喜爱。脂肪是腐竹重要的营养成分之一，脂肪含量越高，膜的透水率越低，阻水性越强，防腐效果越好，储存期就越长。采用近红外光谱可以在线对腐竹的蛋白质、脂肪和水分等主要成分进行快速测量，完全满足腐竹规模化生产的需求，对腐竹的质量评级、生产控制具有重要意义。

近红外光谱快速分析技术深刻地改变了大豆产业包括育种、种植、贸易和加工等各个环节，影响涉及全产业链。实际上这个应用链条一直在延长，从粮油加工业，到饲料工业，到养殖业，到屠宰业，到肉类加工业，到商业流通，到人类营养、疾病、医药、治疗，而且越往链条的后端，近红外光谱的快速高效分析优势发挥的作用越明显，获得的经济效益和社会效益越显著。

1.1.5 "油"然而生——食用油加工过程监控

在人们千百年的探索中，大豆七十二变，贯穿了人们的一日三餐。它不仅出现在清晨热气腾腾的豆浆中，出现在孩子们爱吃的小零食中，餐桌上金黄酥脆的煎鸡蛋，也有豆油的功劳。"一粒大豆从豆荚里蹦出来的那一刻，是一声胀裂的脆响，感觉整个世界都静默了，只看见滚圆滚圆的豆粒，金灿灿地射向它的未来，抛出一个不安的弧度，榨成了十里飘香的油滴。"

早在北魏时期，贾思勰所著的《齐民要术》中就有将植物油用于日常饮食的记载："和麻油，酥亦好。"植物油不仅是烹调食物的介质，也是多种营养物质的重要来源，各种植物油中最重要的营养素就是脂肪酸，此外还含有脂溶性维生素（如维生素 A、维生素 E 等）和其他一些有益的微量营养成分（如植物甾醇、类胡萝卜素、谷维素和角鲨烯等）。不同品种的植物油，其脂肪酸构成和微量营养成分皆有所不同。

常规制取植物油的方法有两种：压榨法和浸出法，这两种工艺只有原料适用性之分，并无优劣之分。含油量较高的作物（如花生、菜籽等）通常采用压榨工艺制油，对于含油量较低的作物（如大豆等）通常采用直接浸出工艺制油。不管压榨还是浸出，得到的都是毛油，不能直接食用，需要精炼后才能最终制得成品油。

原料在很大程度上决定着食用油的品质。目前，大型的油脂厂在收购大豆原料时，都采用近红外光谱快速测定大豆中的水分含量、蛋白质含量和油脂含量，实现按质论价收购，不仅保证了原料的品质，还避免了以往因感观定价产生的纠纷，为企业和农民带来了不菲的效益，真正起到了农民增收、企业增效、国家增税的效果。

在油脂加工过程中，近红外光谱技术在多个环节都发挥着重要作用。例如，在浸出过程中，可以通过近红外光谱快速测定浸出粕的含油量，及时调整工艺参数，达到最佳的浸出效果，显著提高产率。

豆粕是大豆提取豆油后的一种副产品，是优质价廉的蛋白质来源，在养殖业中作为蛋白饲料，是畜禽的主食之一。通过近红外光谱快速测定豆粕中的水分含量、蛋白质含量、含油量和各种氨基酸含量，工厂可以根据订货和销售计划，优化生产方案：通过调节豆皮加入量保证豆粕中蛋白质的含量在一个特定范围内，通过调节干燥过程中物流速度与蒸汽量保证水分含量在合理范围内，从而生产出品质稳定的豆粕。这样既避免了过度加工导致的能源浪费，也避免了欠加工导致的不合格产品的出现，最终帮助企业实现经济效益的最大化。

近红外光谱能够快速测定大豆油中棕榈酸（C16：0）、硬脂酸（C18：0）、油酸（C18：1）和亚油酸（C18：2）这四种主要脂肪酸的含量，还可快速测定食用油的油脂碘值、酸值和过氧化值，碘值可以判断油脂脂肪酸的不饱和度，酸值和过氧化值则可以作为判定油脂酸败和氧化程度的指标。近红外光谱测定油脂碘值的方法已获得美国油脂化学协会认可，在国内外上千家油脂生产企业成功应用，取得了巨大的经济效益。

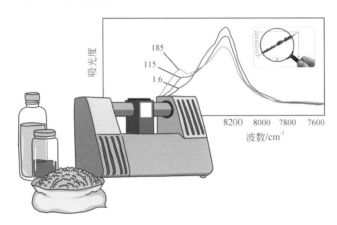

近红外光谱快速测定食用油的碘值

　　在我们日常生活中，还会见到食用调和油，它是将两种或两种以上精炼油脂按比例调配制成的食用油。食用油中含有饱和脂肪酸、单不饱和脂肪酸以及多不饱和脂肪酸，通过科学配比，调整不同脂肪酸的比例，使调和油在营养和风味方面得到改善和提升。在国内外一些大型食用油生产企业，近红外光谱技术已被用于监控调和油生产过程中的脂肪酸比例，确保最终成品符合配方设定需求。

　　食用油因品种、产地、营养价值不同而在价格上存在很大差异，市场上常常出现掺假现象。常见的食用油掺假是以劣充优，即在高价食用植物油中掺入低价植物油，如橄榄油中掺入脂肪酸组成相近的榛子油、葵花籽油、玉米油，芝麻油中掺入菜籽油、大豆油，或是在菜籽油中掺入棕榈油等。这不仅侵害了消费者的权益，也扰乱了食用油市场，甚至还会对人们的身体健康和生命安全造成严重的危害。近红外光谱能够根据不同种类油脂的特征数据，快速鉴别出掺假的油品，例如特级初榨橄榄油中掺入 5% 以上的榛子油、大豆油、葵花籽油或玉米油，芝麻油中掺入 3% 的菜籽油、大豆油、棕榈油或花生油。

　　在油料作物育种中，近红外光谱也发挥着重要的应用。例如，我国建立了近红外光谱测定油菜籽含油量、蛋白质含量、水分含量、硫苷、芥酸含量、脂肪酸含量的分析模型，并率先将其应用于油菜籽双低（低芥酸、低硫苷）品质育种中，显著降低了样品测量所需的劳动强度，在培育油菜新品种（品系）方面发挥着很大作用。

此外，油菜籽收购及加工过程中需要的现场快速测定，也依赖近红外光谱技术。该技术的引进，解决了以双低菜籽为代表的优质油料收购及加工中品质指标现场检测难题，实现了优质优用，加速了新品种的推广，带动了更多优质油料品质的选育。对于花生、芝麻等其他油料，近红外光谱技术得到了同样的应用。

油炸是一种古老的烹饪方式，油炸食品因其酥脆的口感和香浓的味道受到广大消费者的欢迎。油脂在持续的高温下会产生一系列化学反应，反复使用的煎炸油会发生变质，很大程度地影响油炸食品的颜色、质地和风味。近红外光谱技术可以对煎炸油的品质进行实时监控，包括游离脂肪酸（FFA）、茴香胺值、总极性化合物和聚合甘油三酯等参数，2013年该方法得到了德国油脂科学学会的认可，成为该领域的检测标准。目前，一些油炸工厂已将在线近红外光谱技术用于煎炸过程中热油品质的分析，近红外光谱成为监控高温煎炸连续加工过程中油品质量变化的重要手段。

1.1.6　平"蛋"无奇——鸡蛋的好与坏

汉柯拿起筷子，夹住盘中的煎鸡蛋，正要往嘴里送时，突然向妈妈叫嚷了起来："妈妈，这份煎蛋中间有个小黑点，这是个坏蛋！"妈妈听后忍不住笑了，立即从冰箱中取出几个鸡蛋，让汉柯对着灯光一个个瞧一瞧。"咦，这个鸡蛋也有小黑点，是不是也坏了？"妈妈接过这个鸡蛋告诉汉柯："小黑点是受精卵，只有这样的鸡蛋才能孵出小鸡。"蛋，从外打破，是食物；从内打破，是生命。"雏咿喔，雏出毂，毛斑斑，觜啄啄。"生命在无形中孕育，它的存在，本身就是一个伟大的奇迹。

众所周知，鸡蛋是质优价廉的动物蛋白来源，鸡蛋中的蛋白质构成成分与人体相近，易于人体消化吸收，属于优质蛋白。鸡蛋的品质备受关注，除了形状、重量、蛋壳颜色等外观品质，鸡蛋的新鲜度、蛋白质含量等内在品质在鸡蛋分级指标中的权重越来越大。

由于我国农业生产集中化水平较低，鸡蛋在生产、运输、加工和储藏过程中极易出现微生物大量繁殖，从而引发鸡蛋腐败变质，威胁人们的身体健康。人们在购买鸡蛋时，很难通过外观判断鸡蛋的新鲜程度。传统检测鸡蛋新鲜度的方法主要依靠电子天平、游标卡尺和 pH（酸碱度）计等仪器，测量鸡蛋重量、蛋壳厚度、蛋白高度、蛋黄高度、蛋黄直径、气室直径和蛋白 pH 等参数，通过计算哈夫单位和蛋黄指数等指标判断鸡蛋的新鲜程度。这些方法不仅费时费力，也不具备时效性。如何快速、无损、精确检测鸡蛋的新鲜程度，成为科研人员研究的重点之一。

蛋白质是鸡蛋的主要营养成分，随着生活水平的提高，高蛋白质含量的鸡蛋愈发受到广大群众的青睐。不同品种、饲养方式的母鸡所产鸡蛋的营养成分含量有明显的差异，如果能够通过有效的技术手段对鸡蛋的营养价值进行检测，并以此对鸡蛋进行分级，不仅能提高生产者的经济效益，也能够满足消费者对于高营养价值的追求。因此，快速、无损、精确检测鸡蛋中蛋白质的含量，也是目前的研究热点之一。

相比于传统鸡蛋品质检测方法，采用近红外光谱法对鸡蛋品质进行检测，能够有效克服传统检测方法检测复杂程度高、效率低、时效性差、自动化程度低、人工成本高和人为判断误差大等问题。鸡蛋品质的检测，对于维护人体健康、满足不同消费人群的需求和提升企业经济效益具有十分重要的意义。近红外光谱无损快速检测鸡蛋新鲜度和蛋白质含量的研究有很长的历史。Karl Norris 博士是美国农业部研究中心（马里兰州贝茨维尔市）的一位工程师，他是近红外光谱分析技术的创始人，是公认的近红外光谱之父。1949 年他曾用自己改造的紫外光谱仪通过透射测量的方式对鸡蛋的新鲜度进行研究，发现光谱上 750 纳米处的吸收峰为水中—OH 基团的倍频吸收。遗憾的是因当时条件和技术所限，没有建立光谱与鸡蛋品质之间的关系，只能靠蛋壳的颜色开发出了鸡蛋自动筛选设备，这项工作得到了时任美国总统艾森豪威尔的关注。

随着光谱技术的发展，近红外光谱越来越多地应用在农畜产品无损检测中，成为农畜产品快速、无损、精确检测的有效手段。目前，研究人员通过鸡蛋近红外光谱数据建立鸡蛋新鲜度、蛋白质含量、受精情况和鸡蛋种类的分析模型，取得了较好的预测结果。这充分证明了近红外光谱能够应用于鸡蛋内在品质以及蛋壳品质的快速无损检测，还能够鉴别鸡蛋的种类（例如普通鸡蛋和柴鸡蛋等），在生产、销售和加工环节将会有很大的推广空间。

我国是禽业大国，目前鸡蛋产量高达世界总产量的 40%。自新中国成立以来，我国的禽蛋生产主体经历了从传统的农户散养到养鸡专业户养殖，再到一体化的生产基地养殖的变迁。鸡蛋孵化前，需要对种蛋进行受精检测，传统的方法主要是在种蛋孵化五天时通过照蛋进行鉴别。然而传统方法效率低下，而且即便分辨出未受精鸡蛋，也不能再正常食用和销售，这造成了大量的经济损失。大型种禽孵化企业的基本需求是：在鸡蛋孵化过程中，尽早发现未受精卵（白蛋）、受精未孵化卵、已中止孵化的受精卵，检测出鸡的性别。目的是优化孵化过程，减少无意义孵化，选择性地提升母雏鸡的孵化率，进一步提高公雏鸡（毛蛋）的利用价值。

现在，科学家们正在尝试采用近红外光谱及其成像技术快速无损鉴别孵化的种蛋是否受精，甚至有望鉴别出种蛋内鸡胚的性别，这样能在孵化前分选出未受精鸡蛋或非期望性别的鸡蛋，有效提高孵化效率，降低能源及人工消耗，带来巨大的经济和社会效益。

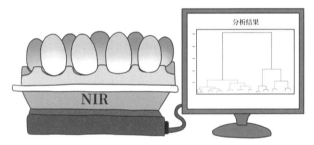

近红外光谱识别鸡蛋品质的优劣

1.1.7 看"菜"吃饭——榨菜的品牌鉴别

汉柯妈妈对早餐的要求是清淡营养，但桌上的涪陵榨菜却是一个例外。榨菜口味较重，但是乳酸菌的发酵使它酸爽香脆、风味独特，成为了汉柯一家人开胃的最爱。"瓦坛一方日月长，千般风味榨菜香。"天地和舞台就在方寸碟中，醇香和清脆使榨菜风味历久弥新。百年榨菜，"碟中之舞"背后，有着可贵的"匠人之心"。

涪陵榨菜是重庆市涪陵区特产，在中国名目繁多、品味各异的酱腌菜中，涪陵榨菜凭借鲜、香、嫩、脆的特殊风味，以及营养丰富、方便可口和耐储存、耐烹调等诸多优点博得一席之地。涪陵榨菜诞生于清朝光绪年间，2003 年作为航天食品与杨利伟一起进入太空，2005 年成为中国国家地理标志产品，小小的一盘榨菜，凝聚了涪陵人民百余年的聪明才智。

涪陵榨菜以产于涪陵地区的茎瘤芥的瘤茎（青菜头）为主要原料，采用传统的风脱水工艺加盐三腌三榨而成。涪陵地区的青菜头于 9 月播种，10 月移栽，在涪陵 4 ～ 5℃的气温和大雾环境下生长，形成了青菜头致密的组织结构，铸就了涪陵榨菜特有的嫩脆品质。

近红外光谱用于榨菜制作过程的品质监控

由于榨菜行业门槛低，市场需求较大，因此一些企业侵犯"涪陵榨菜"证明商标专用权和仿冒涪陵榨菜知名企业的产品注册商标，进行低价劣质倾销。由于其质量无法得到保证，长期食用会损害人体健康。对涪陵榨菜传统的感官分析需要培训专业人员，且受主观因素影响比较大，难以保证准确度。而常规化学分析方法前处理复杂，分析时间长。因此，很有必要寻求一种简单、快速、实时的涪陵榨菜品牌鉴别技术。在市场上，采用近红外光谱分析技术可快速鉴别涪陵榨菜的品牌产品以及假冒伪劣产品。

涪陵榨菜的主要成分为水、食盐、总酸、蛋白质、维生素、氨基酸、果胶、糖类以及纤维素等。为了适应市场消费升级，满足消费者的需求，需要不断提高涪陵榨菜的品质。将近红外光谱分析技术引入涪陵榨菜的生产，实时测定包括水分、总酸以及氨基酸态氮等在内的多种成分，可有效提高榨菜的生产效率，实现在线检测和过程控制，促进榨菜生产的现代化。

在评价榨菜的品质时，口感脆嫩也是一个重要指标，果胶物质是影响榨菜脆性的关键因素之一，同时总糖的含量关系到榨菜的色、香、味和营养价值。我国研究人员建立了涪陵榨菜果胶和总糖的近红外光谱数据模型，能有效满足生产过程中对果胶和总糖测定精度的要求。目前，我国正致力于将在线近红外光谱技术应用于涪陵榨菜生产过程的多个环节，以更好地把控品质，给消费者们带来更美味的榨菜。

1.1.8 各执一"瓷"——优劣仿瓷餐具

> 早餐吃完，一家人收拾餐桌。为了锻炼汉柯的生活技能，妈妈嘱咐汉柯去厨房清洗餐具。汉柯正是多动贪玩的年纪，做事毛手毛脚，打碎碗碟也是常事。为此，汉柯妈妈特地买了一套耐摔的仿瓷餐具，才彻底解决了这个问题。

"九秋风露越窑开，夺得千峰翠色来"，中国是瓷器的故乡，瓷器是古代劳动人民的一个重要的创造。早在欧洲掌握制瓷技术之前一千多年，中国已能制造出相当精美的瓷器。

但是传统的瓷器餐具易碎，儿童使用存在一定的风险。仿瓷餐具的出现解决了这个问题，仿瓷餐具原名蜜胺餐具，它的外观与陶瓷制品很像，因此得名仿瓷。与陶瓷餐具相比，由于其重量轻、光洁鲜艳、质地坚固、不易碎，近年来广泛使用于餐厅和家庭中，受到宝宝和宝妈们的"万千宠爱"。

按照国家标准，仿瓷餐具应由三聚氰胺甲醛树脂为基材、α-纤维素为基料制作而成。三聚氰胺甲醛树脂又称蜜胺树脂，其无毒无味，可连续使用温度在100℃以上，甚至可以在150℃使用，热变形温度达180℃，耐蒸煮（可以沸水蒸煮），也耐低温（可以直接放入冰箱），因此很适合用于制作餐具或者食品容器。但是市场中充斥着很多用脲醛树脂制作的伪劣仿瓷餐具，脲醛树脂材料在80℃以上就会缓慢分解，使用过程中会释放甲醛，尤其是蒸煮使用时更易释放有毒物质，对人们身体健康会造成严重危害。

近红外光谱结合模式识别方法能够识别出仿瓷餐具的真伪，通过便携式近红外光谱仪，人们可现场快速鉴别出蜜胺餐具和脲醛树脂餐具，为识别市场上真伪蜜胺餐具提供了一种快速无损分析技术。

实际上，近红外光谱技术在现场快速鉴别儿童餐具、玩具和用具等的材质方面大有可为，例如奶瓶（硅胶、聚酰胺、聚碳酸酯、聚丙烯、聚苯砜）、奶嘴（橡胶、硅胶、乳胶）、保鲜盒、摇铃、汽车玩具、爬行垫等。这一快速无损检测技术无论是对生产企业的品质管理还是市场监管部门的质量监督都有重要的意义。

近红外光谱快速鉴别儿童用具的材质

1.1.9　寸"土"必争——"数字土壤"的"幕后推手"

> 趁着汉柯洗碗的功夫，汉柯爸爸走向阳台，开始摆弄他心爱的花花草草。这些花草是都市人和土壤最亲密的联系，城市的钢筋水泥没有抹杀花草的生机，花草反而在久违的土壤中茂盛茁壮。城市中的人们，不再有农耕劳作、秋收农忙，但餐桌上的一饭一蔬，仍是土地对于人们最宝贵的馈赠。"土地的神奇是因为一粒种子可以在她的怀抱里发芽开花结果，变有量为无限可能的增量；她的伟大在于这无限量的增长结果让世上的人在这日月星辰间不断繁衍生息，生根发芽，茁壮成长。"

土壤是人类赖以生存和发展的物质基础，土壤养分是农作物健康成长的必需品，土壤养分的测试对农业非常重要。对土壤成分的检测，便于了解土地的肥力，进行科学施肥，适当增加或减少微量元素与有机肥用量，提高农产品的品质和单位面积产量，对提高现代农业精准作业水平具有重要意义。定点、定时获取土壤属性信息是进行变量作业和作物定点、定时精细管理的前提。传统的土壤成分含量的检测主要在化学实验室进行，这种方法不仅费时费力，需要专门的工作人员进行化验，而且检测速度慢、实时性差，无法适应现代农业精准施肥快速检测的要求。

社会需要可持续生产充足的优质食品，这要求了解实际土壤养分状态，以便就养分施用率给出适当的建议。与传统的土壤测试技术相比，近红外光谱分析技术提供了具有更高效益的解决方案，它可以在短时间内分析大量试样，其中每个试样的分析时间短于 1 分钟，测定指标包括土壤水分、总碳、总氮和有机质等。通过便携式或行走式（On-the-go）近红外分析仪，结合 1.1.3 节中提到的 "3S" 技术（即遥感技术、地理信息系统、全球定位系统），可以实现精准农业的变量施肥。

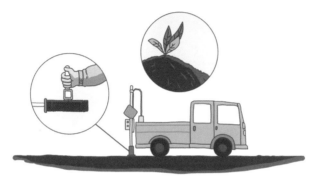

带 GPS 定位的车载农田现场土壤近红外光谱分析仪

凭借近红外光谱技术具有的 "实时" 和大批量分析的优势，近红外光谱技术已成为 "数字土壤" 信息中海量数据获取的重要技术。所谓的 "数字土壤" 就是基于 "3S" 和计算机技术构建的土壤数字化数据库，将土壤及其相关信息按照空间分布和地理坐标以一定的编码和格式输入、存储检索、显示和综合分析应用与管理，使分散的属性数据和空间数据能够得到更好的组织和高效的利用。

"数字土壤" 的构建需要海量的信息数据，传统的分析方法已无法满足这种海量信息的分析测试，近红外光谱则是一种首选的土壤快速分析技术。国际上已建立了土壤的全球近红外光谱数据库，它在土壤质量变化监测、耕地地力调查、测土配方施肥、土壤养分综合管理、土壤改良利用分区等工作方面发挥着重要的作用。

汉柯爸爸平日是个大忙人，难得这个周末别无他事，偷得浮生半日闲，一家人计划好了今天去郊区的朋友家做客。

1.2.1 论资"牌"辈——加油站里的汽油牌

收拾完毕后，汉柯一家人驱车外出。汽车一路向北，依稀可见燕山横亘，云卷云舒。旷野碧天，望山跑马，离朋友家山脚下的庄园还有不少距离。汽车所剩的汽油已然不多了。路过加油站，汉柯爸爸要为汽车加油。汽油是从石油中提炼、汲取出来的。自19世纪中叶石油开采以来，石油在世界上的地位越来越重要，被人称为"黑色的金子""工业的血液"。人们的生活也逐渐离不开石油。大到国家工业、农业、交通运输业、国防，小到每个人的衣食住行，石油都在其中扮演了重要角色。

汉柯家汽车加的是92号乙醇汽油（E92#）。92#表示汽油的辛烷值不低于92，标号越高，抗爆性越好。有些汽油在汽车发动机中使用时，气缸中会出现敲击声，燃烧室温度突然升高，并冒黑烟，这就是汽油发动机的爆震现象。为此，汽油的一项十分重要的质量要求就是要有良好的抗爆性能。抗爆性能的表示方法，是以汽油中抗爆性较好的组分异辛烷的抗爆性作为100，抗爆性较差的组分正庚烷的抗爆性定为0，称之为辛烷值，用来评价不同汽油的抗爆性。正是由于抗爆性的重要性，因此以辛烷值作为汽油的牌号。

传统测定辛烷值需要用到专用的马达机，速度慢，分析成本高，噪声和有害挥发物质污染大。早在20世纪90年代初，科研人员就建立了近红外光谱快速测定汽油辛烷值的方法。目前我国也建立了完善的汽油近红外光谱数据库，能在1分钟之内得到包括辛烷值、烯烃含量、芳烃含量、苯含量等多种汽油关键性质数据。按照我国的国家标准，乙醇汽油是用 90% 的普通汽油与 10% 的燃料乙醇调和而成。当前，无论燃料乙醇的生产还是普通汽油的生产都离不开近红外光谱技术。

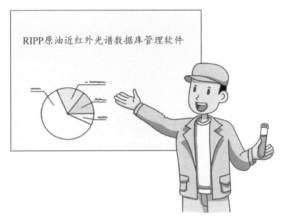

我国已建立了完善的原油近红外光谱数据库

汽油是通过石油（原油）的炼制加工出来的。原油是极其复杂的混合物，其组成不仅是多种烃类和非烃类化合物的混合体，而且是多种不同沸点组分（馏分）的混合体，不同产区及不同地层的原油在化学组成和性质上存在很大的差异。不同性质的原油不仅价格有差异，而且需要采用不同的加工方案，因此，需要快速对原油进行评价。

原油评价不仅需要测定原油的基本性质（如密度、残炭、酸值、硫含量、氮含量、蜡含量、沥青质含量和实沸点蒸馏曲线等），还需要测定原油各馏分油的物化性质，分析项目多达上百个。采用传统方法评价一种原油需要几十天的时间，现在我国已经建立了完善的原油近红外光谱数据库，与原油历史评价数据库结合，只需几毫升原油，就能在几分钟之内得到完整的原油评价数据，这在原油开采、原油贸易和原油加工中发挥着重要的作用。

石油被称为"工业的血液"，是当今世界最重要的资源。原油需要通过炼制加工转化为人类社会需要的原料和产品。经过上百年的发展，炼油工业已经成为世界上最大也是最重要的工业，提供了世界 90% 以上的交通运输燃料和有机化工原料。据预测，2040 年以前全球石油需求总体仍将持续增长，炼油工业在全球能源和原材料领域仍将长期保持重要地位。当前石油产品以运输燃料为主，其中汽油、柴油、航空煤油、船用燃料等运输燃料占 65% 以上。运输燃料之外，化工原料、沥青和石油焦等材料也是重要的石油产品。

石油到底能加工出多少种产品，实在很难准确回答。大体说来，包括燃料、润滑油、沥青、石蜡等各类油品约有五百余种；合成树脂、合成纤维和合成橡胶等石化产品的种类就更多了，至少有一千五百多种；至于以石油为原料制成的表面活性剂、添加剂、黏合剂、染料、涂料、香料、医药、农药和助剂等各类精细化工产品，那就更是数不胜数了。

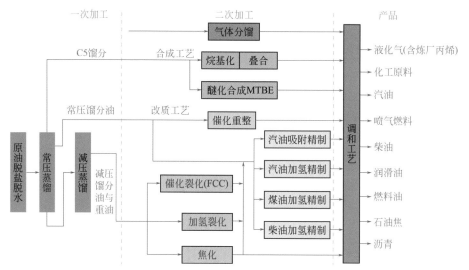

原油加工流程及产品分布示意图

在原油炼制过程中，首先进行原油蒸馏，按照沸点范围把原油分割成轻重不同的馏分油，汽油馏分的馏程（沸点范围）大致为 30 ~ 220℃，轻柴油的馏程大致为 200 ~ 350℃，减压馏分油的馏程大致为 350 ~ 500℃，大于 500℃为渣油等。这些馏分油再经过二次炼油加工，例如催化裂化、催化重整、焦化和加氢裂化等，生产出不同种类的汽油馏分、柴油馏分和润滑油馏分等。上述这些馏分油还不是最终的产品，为了满足其使用性能、安全性和环保要求，需要将不同类型的油品按照一定的比例并加入适当的添加剂进行调和，才能成为满足规格要求的产品，这一过程称为油品的调和。

汽油调和是汽油产品出厂前的最后一道工序，调和过程的优化控制直接关系到产品的质量。为了保证一次调和成功，避免重调带来的油品损失、储罐资源浪费、订单交付延迟等问题的出现，现代炼油厂的汽油调和装置大都采用汽油自动调和系统，其中在线近红外光谱是关键性技术之一。它能够实时测定组分汽油和成品汽油多种关键物性（辛烷值，抗爆指数，烯烃、芳烃、苯、MTBE含量，蒸气压等），调和优化控制系统利用各种汽油组分之间的调和效应，实时优化计算出调和组分之间的相对比例，即调和配方，保证调和后的汽油产品满足质量规格要求，并使调和成本和质量过剩降低到最小，这项技术为炼油企业带来可观的经济效益和社会效益。

除了汽油分析外，在炼油领域，近红外光谱可以快速甚至实时在线监测整个炼油工业过程，包括：原油罐区、常减压装置、催化裂化装置、重整装置、润滑油装置、乙烯装置、烷基化装置等。其主要目的是为先进过程控制和优化技术提供更快、更全面的分析数据，从而实现炼油装置的平稳、优化运行。我国正处于从炼油大国向炼油强国转变的时期，智能化是炼油企业发展的必然趋势。信息深度"自感知"、智慧优化"自决策"和精准控制"自执行"是智能工厂的三个关键特征，其中信息深度"自感知"是智能炼厂的基础。原料、中间物料和产品的化学组成和物性分析数据是信息感知的重要组成部分，以近红外光谱为核心之一的现代石油分析技术为化学信息感知提供了非常有效的手段。

1.2.2 炉火"醇"青——生物燃料乙醇的生产

> 加油站远离城市，附近是一片片的玉米地。风吹过，掀起阵阵绿浪，沙沙作响，是层层叠叠的希望。汉柯爸爸拿着加油枪，告诉汉柯自己正在给汽车喂玉米——乙醇汽油正是来源于玉米发酵。

能源是国民经济的命脉，随着经济的快速发展，以不可再生能源为基础的经济发展日益受到资源短缺的制约。燃料乙醇和生物柴油以其环境友好和可再生而在世界范围内备受青睐，正发展成为一个新型的产业。

燃料乙醇是清洁的高辛烷值燃料，作为一种"地下长出来的绿色清洁能源"，在汽油中加入适量乙醇，既可缓解石油资源的短缺、减少汽车尾气，又可将丰富的玉米等农业资源转化为工业资源。燃料乙醇是以糖类、淀粉或木质素为原料，经发酵、蒸馏生成乙醇，并进一步脱水，再加入适量变性剂制成。变性剂包括汽油等成分，合格的燃料乙醇会在出厂前加入变性剂，以防止燃料乙醇流入食用酒精市场，危害民众的生命健康。

近红外光谱用于乙醇汽油的检测

下面以玉米为例，介绍近红外光谱在燃料乙醇工业中的应用情况。在原料玉米现场收购环节，近红外光谱能够快速获取玉米的水分、淀粉和蛋白质含量等信息，可显著提高分析速度，彻底改变玉米检验分析的面貌。而且采用仪器分析获得了原料供应商及农民散户的高度认可，避免质量等级判定过程的纠纷及暗箱操作造成的资金流失，真正体现"按质定价"。

液化、糖化、发酵是燃料乙醇生产中的重要工序，对于过程产物中低聚糖及有机酸含量的监测，对掌握生产条件运行状态、确定合理工艺参数、提高转化率起着重要指导作用。近红外光谱能够在线快速测定发酵液中的葡萄糖、麦芽糖、麦芽三糖、丁二酸、乳酸、醋酸、丙三醇、甲醇、乙醇等组分的含量，这为掌握及调控工艺条件运行情况、确定最合理工艺参数、保证产品质量、提高生产效益提供了数据基础。

玉米含有可溶固形物的干酒糟（Distillers Dried Grains with Solubles，DDGS）是以玉米为原料生产乙醇的副产品，它是一种优质的饲料原料。在以玉米为原料发酵制取乙醇的过程中，淀粉被转化成乙醇和二氧化碳，其他营养成分（如蛋白质、脂肪和纤维等）均留在酒糟中。同时，由于微生物的作用，酒糟中蛋白质、B族维生素及氨基酸含量均有提升，并含有发酵中生成的未知促生长因子。

由于原料来源、生产工艺、可溶物与湿酒糟的混合比例等因素的影响，DDGS的组成差异很大。生产过程中，控制DDGS水分及粗蛋白等成分的含量，可以直接影响成品的质量及企业效益。近红外光谱能够快速测定水分、粗蛋白、粗脂肪、粗纤维、中性洗涤纤维、酸性洗涤纤维等成分的含量，作为指导生产工艺的参数，以保证每批产品质量稳定，为企业带来更可观的经济效益和生态效益。

1.2.3　温润如"玉"——玉米深加工的在线应用

"绿衣内藏黄金甲，颗粒整齐军容雅。"秋分一到，成片的玉米林就会慢慢褪去青纱，换上成熟的妆容，等待采摘。玉米最早在南美种植，是玛雅人不可或缺的主要食物，古老的作物滋养了璀璨的玛雅文明，玉米种植几乎成了玛雅农业文明的支柱。明朝后期，玉米传入我国，清朝中晚期才在全国广泛种植。如今，玉米已成为我国重要的饲用谷物和生物能源生产原料，也是我国第一大粮食品种。

玉米营养丰富，是优良的粮食作物。玉米中的维生素含量非常高，是稻米、小麦的 5～10 倍，在所有主食中，玉米的营养价值和保健作用是最高的。玉米是三大粮食作物中最适合作为工业原料的品种，也是加工程度最高的粮食作物。玉米加工业的特点是加工空间大、产业链长、产品极为丰富。随着玉米深加工产品链的不断拓展和延伸，玉米深加工产品已广泛应用到食品、纺织、造纸、化工、医药、建材等行业。

从玉米原料，到玉米胚芽榨油，到玉米皮、蛋白粉等副产物，再到淀粉，甚至到后期发酵，在整个玉米深加工产品链中，近红外光谱分析技术无所不在。

原料收购是玉米深加工企业成本控制的重要一环，以质论价、科学定价需要快速精确的品质检测手段相配合。在玉米深加工之前，精确掌握玉米原料中水分、蛋白质、油等成分的含量，对后期加工工艺的选择至关重要。

玉米经胚芽分离后，胚芽可以压榨玉米油，其副产物均为胚芽粕，胚芽粕是重要的饲料原料。在线近红外光谱仪可在线实时检测胚芽粕中水分、油和蛋白质含量等指标，通过对其关键参数的实时监控，保证产品质量合格稳定。

玉米经纤维分离后，企业可以加工玉米皮作为饲料原料，有些生产企业将其喷浆，以喷浆玉米皮作为副产物。在玉米皮加工过程中，在线近红外光谱仪实时检测水分、蛋白质和纤维含量等参数，确保产品质量的一致性。

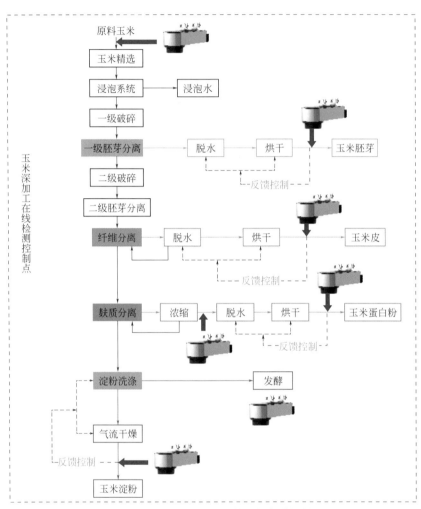

玉米深加工过程中在线近红外光谱检测控制点

　　玉米经麸质分离后，再经过浓缩机浓缩，形成浓麸质液，最终经过脱水烘干形成蛋白粉。在浓缩过程中通过在线实时检测其干物质和干基蛋白质含量，能控制终端产品的蛋白质含量；烘干过程中实时检测水分、蛋白质等含量，可以控制蛋白粉水分含量，使最终成品质量合格稳定。

　　玉米在形成淀粉乳后，后续可以直接生产成品淀粉，或者作为发酵原料参与后期赖氨酸、色氨酸等氨基酸的生产。在淀粉生产过程中，通过在线实时检测水分等参数指标，控制最终产品质量。在发酵过程中，通过对发酵罐中发酵液的菌落总数、氨氮、残糖、目标发酵产物等的实时在线检测，控制发酵工艺，最终生产合格稳定的产品。

1.2.4　应运而"生"——助力生物柴油产业链开拓

> 汉柯一家在为汽车加乙醇汽油时，正好一辆大型运输车到加油站加柴油。汽车身形娇小，食不厌精脍不厌细，得加汽油或者乙醇汽油；大卡车身大力沉，喜好大碗喝酒大块吃肉，可以消化更加粗糙的柴油或者生物柴油。

生物柴油是指以植物油、动物脂肪以及餐饮废油等各种生物油脂为原料，在碱性催化剂（KOH 或 NaOH）的作用下，与甲醇发生酯交换反应获得的脂肪酸甲酯。由于天然油脂多由直链脂肪酸的甘油三酯组成，与甲醇发生酯交换后，分子量可降至与柴油相近，且具有接近于柴油的性能。生物柴油不含硫和芳烃，十六烷值高，并且润滑性能好，废气排放少，一般不需对柴油机进行改造便可直接使用，是一种优质清洁的可再生能源。

世界各国，尤其是欧美发达国家对发展生物柴油日益重视，纷纷制定激励政策。目前，欧盟等组织及美国、澳大利亚等国家均有一定量的生物柴油产品作为纯态生物柴油燃料，或者以一定比例加入到常规石化柴油中作为混合燃料使用，并且产量逐年攀升。

近红外光谱用于生物柴油的检测

在生物柴油生产过程中，原料成本占总成本的 70% 以上，是生物柴油价格的决定性因素，成为了企业利润的制约点，因此对原料的评价至关重要。生物柴油原料的主要成分为甘油三酯，但原料中的水和游离脂肪酸等杂质会影响酯交换反应的效率和催化剂用量，因此，工业生产中，一般需要对原料油的水含量、游离脂肪酸含量以及油脂的碘价、皂化值、过氧化值等进行分析。传统上，测定这些项目需要采用不同的方法，要使用大量的溶剂和试剂，操作烦琐，不适合用于过程分析。近红外光谱为生物柴油的原料分析提供了一种快速简便的方法。

在生物柴油生产过程中，近红外光谱可实时监测酯交换反应进程，可定量分析单脂肪酸甘油酯、二脂肪酸甘油酯等中间产物，甘油等副产物以及脂肪酸甲酯产品的含量。对于生物柴油产品，近红外光谱可以分析水含量、甲醇含量、脂肪酸甲酯含量和甘油含量等，并可根据这些数据快速计算柴油燃料中生物柴油与石化柴油的混合比例。

作为生物柴油副产物之一的甘油，可以用于生产 1,3-丙二醇，在该过程中近红外光谱可用来快速测定微生物发酵液中的甘油浓度，通过调整工艺条件使其保持在一定浓度范围内，保证产品的收率。

1.2.5　齐心协"沥"——铺路沥青的性能品质

汉柯家的汽车行驶在沥青柏油路上，车子四平八稳，颇为舒适。而沥青也与原油有着不可分割的联系。太古神话中，盘古开天，轻清者上浮而为天，重浊者下凝而为地。原油在石化工人手中经过层层分馏，同样经历了升清降浊的过程。各种小分子化合物都是高价值的化工产品，剩下的固态混合物就是沥青。沥青黝黑黏稠，是汽车时代公路的重要组成部分。

沥青是石油炼制的一种产物，由于良好的热塑性、抗水性和黏附性，沥青是一种理想的道路基础建筑材料。在道路建设中，人们将沥青与矿物集料在高温或常温下进行搅拌，使集料表面均匀裹覆沥青薄膜，制成颗粒性的沥青混合料。当今世界各国的高等级公路大多采用沥青路面，美国的高等级公路 90% 以上是沥青路面，我国高速公路中，大约 95% 的里程采用了半刚性基层沥青路面。

我国已建成的公路总里程居世界前列，近几十年来，我国道路建设仍持续高速发展，因此对沥青的需求呈逐年上升趋势。沥青质量的优劣直接决定了道路的路面性能和使用寿命，因此无论在路用沥青产品的生产过程、流通环节还是施工现场，为避免不合格产品，沥青产品质量监控是必不可少的。

沥青的性能参数中最基本的是软化点、针入度和延展度，可用近红外光谱现场快速测定。软化点决定了沥青的耐热性能，软化点越高则耐热性能越好，道路沥青的软化点一般为 42 ～ 50℃。针入度反映沥青的流变性能，针入度高的沥青能使道路沥青与砂石黏结更紧密。延展度表示沥青的抗张性和可塑性，道路沥青要求有较高的延展性，这是为了保证在低温下路面不致受到车辆碾压出现裂缝。

近红外光谱现场快速检测道路沥青的品质

此外，沥青中的蜡含量也是影响沥青性能的关键因素之一，它对沥青的温度敏感性、黏结力、抗水剥离性等均有较大的影响，是使用和生产单位非常关注的参数。近红外光谱方法可现场快速测定沥青中的蜡含量，满足沥青生产和道路施工过程中沥青快速评价及质量控制的需求。此外，采用近红外光谱可对不同牌号的沥青进行鉴别分析，还可用于检测和评价同一品牌沥青的质量稳定性。

1.2.6 栋梁之"材"——新材料的质量保障

汉柯家的这台小轿车没买多久，却为一家人的出行提供了极大的便利。灿烂的阳光穿过树叶间的空隙，肆意地洒在车身上，淡淡的、团团的、轻轻摇曳的光晕在光滑的车面上熠熠生辉。轿车结构复杂，材料多样，是高科技和新材料在人们生活中的体现。材料是人类赖以生存和发展的重要物质基础，小到一颗橡皮擦，大到宇宙飞船，材料见证了人类文明进步的发展历程。每一次材料技术的进步，都会给我们的生活带来重要的影响。

汉柯家汽车车身的面漆不是传统上的那种单一颜色没有光泽的涂料，而是一种聚氨酯（PU）涂料，它在颜色和保光性方面性能尤为突出。这种聚氨酯涂料具有优异的耐化学品性和耐候性，而且漆膜颜色鲜艳性好，硬度适中，是客车和轿车漆面的理想材料。虽然只是普通的家用轿车，但内部的装饰却格调高雅，带有真皮质感的座椅，一体成型的仪表板和触感舒适的门板，连颜色都是可以订制的。其实，这些材料都是聚氨酯制作的。

聚氨酯是一种高分子化合物，是最重要的六大合成材料之一，它与我们的生活联系紧密，出现在以汽车面漆为代表的各个角落。近年来，随着建筑节能、汽车工业、轨道交通、家电、新能源和环保等产业的快速发展，对于聚氨酯产品的需求增长迅猛，这使我国成为了世界聚氨酯产业大国。异氰酸酯（二苯甲烷二异氰酸酯 MDI 和甲苯二异氰酸酯 TDI）是聚氨酯生产的关键原料，在聚氨酯材料及异氰酸酯原料需求的强劲拉动下，国内聚醚多元醇的消费和产能不断扩大。

生产聚氨酯最主要的化学反应为多元醇和多异氰酸酯的加成反应，其中参与反应的主要官能团分别为羟基（—OH）和异氰酸酯基（—NCO），因此羟值和—NCO 的含量是原料的关键指标。在聚酯多元醇和聚醚多元醇合成过程中，近红外光谱可以在线测定聚合物的羟值和酸值，实时监控合成反应程度，及时判断聚合反应的终点。异氰酸酯是含有—NCO 化合物的统称，—NCO 含量是衡量聚氨酯产品质量的重要指标，也是研究反应动力学、优化工艺参数的关键控制点。近红外光谱可在线监测异氰酸酯反应过程中—NCO 含量的变化，通过判断反应终点，控制反应过程，可以得到不同—NCO 含量的系列产品。通过近红外光谱测定羟值、酸值和—NCO 的含量早已形成业界的共识，2009 年已颁布了国家标准 GB/T 12008.3—2009《聚醚多元醇羟值的测定》。

近红外光谱技术在聚氨酯领域有着很广阔的应用。例如，二苯甲烷二异氰酸酯是制造聚氨酯弹性体的主要原料，它主要有 4,4′-二苯甲烷二异氰酸酯、2,4′-二苯甲烷二异氰酸酯、2,2′-二苯甲烷二异氰酸酯三种异构体，这些异构体的反应活性和熔点等性质不同，投入生产前需要进行分离提纯。近红外光谱技术可以实时监控分离提纯过程，为工艺参数的调整和优化及时提供分析数据，从而提高生产效率和产品合格率。

有机硅材料也同聚氨酯一样在生活中被广泛应用，它是典型的半无机半有机高分子材料，具有独特的耐高温、耐氧化和耐光等性能。有机硅材料产品繁多，

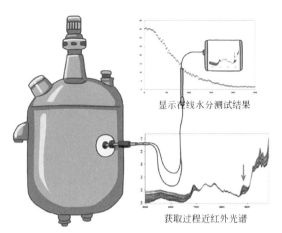

显示在线水分测试结果

获取过程近红外光谱

在线近红外光谱监测工业反应釜聚氨酯合成过程

常见的达几千种，例如硅油、硅橡胶、硅树脂等，有"工业味精"的美誉。其中，甲基乙烯基硅橡胶（简称乙烯基硅橡胶）是有机硅材料的下游产品，它由二甲基硅氧烷与少量乙烯基硅氧烷共聚而成，其乙烯基含量一般为0.1%～0.3%(摩尔分数)。少量不饱和乙烯基的引入使它的成品性能，特别是耐热老化性和高温抗压缩变形有很大改进，所以几乎所有的商品硅橡胶都含有一定量的乙烯基。因此，乙烯基质量分数是有机硅品质的重要参考指标，一般认为乙烯基含量的最佳区间在0.07%～0.15%（摩尔分数），这个区间内的硅橡胶硬度高、压缩变形小、气泡发生少、厚制品硫化进行得较均匀，有着最好的综合性能。

传统上测定乙烯基含量采用滴定法，这种方法耗时且不环保。在近红外光谱区间内，乙烯基的吸收强度与其质量分数有很好的相关性，因此可以用近红外光谱法对它进行快速无损检测。这项方法已被有机硅生产企业广泛使用，也成为了国家标准方法 GB/T 36691—2018《甲基乙烯基硅橡胶　乙烯基含量的测定　近红外法》。

1.2.7　指点"蜜"津——蜂蜜真假溯源

汽车继续平稳行驶，阵阵花香随风潜入，汉柯感受到了芬芳与安逸。望向窗外，大片槐花开得灿烂，蜂农沿路边搭建了顶顶帐篷。"蜂采群芳酿蜜房，酿成犹作百花香。"花香引领着蜂群飞进槐树林，嘤嘤嗡嗡地劳作，酿得槐花成蜜，成就了槐花蜜这一著名产品。

蜂蜜是蜜蜂采集植物的花蜜、分泌物或蜜露，与自身分泌物结合后，经充分酿造而成的天然甜味物质。作为天然保健食品，它含有多种糖、有机酸、酚类化合物、酶等丰富的营养物质，一直深受消费者的青睐。

蜂蜜的采集和酿制是一个极其辛苦的过程，一只蜜蜂一次只能采集约 20 毫克的花蜜，采集 1 千克的花蜜，工蜂要进行 50 万～60 万次飞行。每生产 1 克的蜂蜜，工蜂要采集 1500～1600 朵花的花蜜。如果蜜蜂在离巢 1 千米的地方采集花蜜，每采满一个蜜囊，就要飞行 3 千米，制造 1 千克蜂蜜需要飞行 36 万～45万千米，相当于绕地球 8.5~11 周。

我国有着长达 3000 多年的养蜂历史，作为养蜂大国，不仅蜂蜜产量居世界首位（年产 30 万～50 万吨），蜂蜜品种也是数量繁多。我国的蜜蜂饲养以转地放蜂、追花取蜜为主，根据不同气候和地区蜜源植物的花期，每年早春，蜂农从南方开始沿东、中、西、南几条路线转地放蜂。我国幅员辽阔，可被蜜蜂利用的蜜源植物有 100 多种，其中数量大、流蜜多、花期较长的主要蜜源植物约有 20 多种。

我国饲养的蜂种主要为意大利蜜蜂，该种蜜蜂采集花蜜时会表现出高度专一性，即蜜蜂在单次外出采集时，往往只采集同一种植物的花粉和花蜜，并且持续整个花期。加之不同蜜源植物开花时期往往不同，因此容易生产单一花种蜂蜜，也就是单花蜜，比如油菜蜜、枣花蜜、椴树蜜、荆条蜜、荔枝蜜、龙眼蜜、洋槐蜜，等等。

这些不同植物来源的单花蜂蜜，具有独特的口感，深受消费者青睐。因植物的种类不同，花期、开花量、生长气候、土壤环境等不同，不同单花蜜不仅在色泽、香气、滋味、结晶状态等感官特征上有一定差异，营养价值也有所不同，因此鉴别蜂蜜品种来源具有重要意义。

蜂蜜的传统鉴别方法主要有感官鉴定和花粉鉴定两种。其中感官法需要有经验的专家根据蜂蜜的色泽、状态、气味、滋味等感官性状的不同，对蜂蜜样品进行评价。但是这种方式带有较强的主观性、经验性和不确定性。花粉鉴定基于显微镜分析，不仅费时费力，测得结果的可靠性也较差。借助现代分析方法，如色谱、电化学及质谱进行鉴定也存在巨大缺点，这些方法往往通过测定蜂蜜中单个或多个组分来判定蜂蜜真伪，不仅操作费时费力，成本也居高不下。

近红外光谱技术为蜂蜜质量鉴别提供了便捷的手段，结合模式识别方法，工作人员可快速鉴别蜂蜜的蜜源。这对制定不同植物源蜂蜜鉴别的技术规范、有效指导蜂蜜市场价格、提高蜂蜜品种真伪鉴别水平具有重要的理论和实践价值。

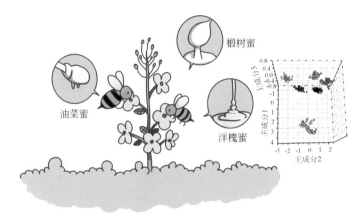

近红外光谱用于蜂蜜品质和类别的快速分析

在蜂蜜品质分析方面，近红外光谱可快速测定蜂蜜中的水分、葡萄糖、果糖、蔗糖、麦芽糖等成分的含量，以及电导率和旋光性等物理参数，把这些数据用于蜂蜜品质评价和控制，对提高蜂蜜的商品价值以及市场竞争力均具有重要的意义。

受利益驱使，一些蜂蜜经销商会利用市场监管漏洞以假乱真，以次充好。限于鉴别难度，消费者买到的蜂蜜常常被不法商家掺入了价格低廉的甜菜糖浆、玉米糖浆、大米糖浆等植物糖，消费者利益受到严重损害。由于掺假蜜与真实蜂蜜在化学组成上有明显不同，其在近红外光谱区的吸收也存有一定差异，因此近红外光谱能够快速辨别蜂蜜的掺假行为，为相关部门进行质量监督提供了一种有效的技术手段，可有效保护消费者利益，规范市场秩序。

1.2.8 对症下"药"——中药的现代化生产

汉柯家的车子往前开，经过一大片中草药种植示范基地。这里的许多植物，都有着别致的名称，可入药亦可入诗。汉柯妈妈来了兴致，要教汉柯一些中药名称：景天、雪见、龙葵、长卿、紫萱、辛夷、青黛、半夏……"草木亦含天地灵，根能生藤精生神。"汉柯在妈妈的讲述中领略了中医学的博大魅力，也在憧憬中渐渐进入了梦乡，梦中他遇到了中国古代四大名医华佗、扁鹊、李时珍、张仲景，他们行医救人，妙手回春，为解救世间疾苦带来了无限希望。

中医药是中华民族的瑰宝，凝聚着祖辈几千年的健康养生理念和实践经验，在我国医疗卫生体系中发挥着重要作用。改革开放以来，我国中药产业实现了跨越式发展，产业技术标准化和规范化水平明显提高，产值不断攀升。2020 年，我国中医药大健康产业突破 3 万亿元，中药产业成为新的经济增长点。

祖国中医药事业的快速发展，离不开万千医药工作者的辛勤付出，更离不开科学技术的不断进步。中药是一个成分众多、结构极其复杂的体系，传统的分析技术因各种技术短板很难对药材整体进行快速准确的表征。近红外光谱技术在我国中药制药领域的应用起步较晚，然而，凭借其检测便捷、分析速度快、环境友好等优势，该技术在制药过程的多个环节取得了应用，并产生了良好的社会和经济效益，已成为推行现代中药标准体系的一种重要手段。

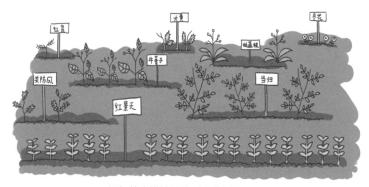

近红外光谱快速鉴别中药材的品质

"药材好，药才好"，原料质量的好坏很大程度上决定了产品最终的质量，想要得到一致性良好的优质产品，对药材质量进行严格把关是重要的一环。产地是影响药材质量的关键因素，不同生长环境下药材的药性、药效存在较大差异，原料来源不一容易导致产品质量参差不齐。近红外光谱可以反映中药化学成分的综合信息，通过样品光谱间的差异分析可以快速准确地区分真伪优劣，进而实现中药材产地的快速鉴别，甚至对同一产区药材进行质量等级划分。此外，运用近红外光谱技术能快速鉴别药材是否进行了违规加工，例如白芷、葛根等药材是否经过硫黄熏蒸；还可以快速鉴别不同厂家生产的同种中成药。对于名贵中药材，如人参、阿胶等，运用该技术能准确鉴别其真伪。毫无疑问，近红外光谱技术的应用，对药材资源保护和药材市场规范起到了积极作用。

是药三分毒，中药虽然能够治疗疾病，但其本身也具有一定毒副作用。因此，在患者合理、规范用药的前提下，确保产品中的有效成分和其他成分含量稳定、准确，是保证最终产品具有确切疗效和安全性的重要环节。近红外光谱技术的优势恰恰能够满足这一需求，近红外光谱技术能对中药材中主要活性成分的含量进行快速、准确的测定，例如丹参中丹酚酸B、丹参酮ⅡA，黄芪中黄芪甲苷、黄连中小檗碱等。基于准确的成分数据，厂商可对原药材进行适当调配，在不改变处方量的前提下，保证多个有效（指标）成分的含量在批次之间稳定均一，从而在源头上保障最终产品的稳定性。

近红外光谱在线实时监测中药有效成分的提取

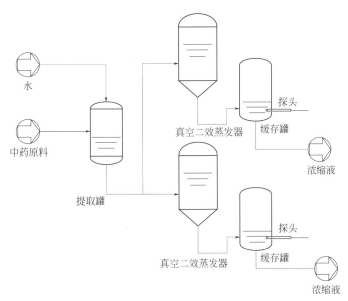

近红外光谱在线监测中药口服液浓缩工艺过程示意图

除了在源头对药材质量进行控制，近红外光谱技术也常用于制药过程中的工艺监测。在痰热清注射液、复方阿胶浆口服液、安神补脑液和血府逐瘀口服液等中成药的生产过程中，有不少大型制药企业已将近红外光谱技术用于提取、纯化、浓缩和混合等工艺过程的在线监测。若生产过程发生异常状况，在基于近红外光谱得到的控制图上就能产生及时反馈，从而实现中药生产过程的优化控制，降低了批间差异带来的用药安全隐患，保证了中成药产品质量的稳定、均一，这些对于提升中药国际地位具有重要意义。

除了准确识别生产过程的异常批次，正常批次的工艺过程监测同样重要。其中，工艺过程的终点判断是提升最终产品质量的关键一环，操作终点提前或滞后不仅会造成资源的浪费，还可能对下游操作产生影响。在柱色谱纯化工艺过程中，近红外光谱技术能实时监测洗脱液中目标成分的浓度变化情况，通过调节溶剂的流速来控制洗脱过程的终点，进而最大限度地收集目标成分，同时减少产品中杂质的引入量，这样既保证了产品质量，又避免了能源浪费，降低了生产成本。在浓缩过程中，可以借助该技术对目标成分浓度变化趋势进行实时监控，从而实现浓缩终点的准确判断。在中药混合液配制阶段，近红外光谱技术能实时监测药物活性成分和其他各种添加剂的均匀分布，保证药品质量的一致性，使后续生产能顺利进行。

1.2.9 壮"织"凌云——织物鉴别"即测即得"

> 见汉柯睡着了，妈妈取来一件薄棉袄盖在他身上。这是上次去新疆买的棉袄，用的是当季纤维绵长洁白的长绒棉，轻薄舒适又温暖。"我们是穿着棉衣长大的，对棉花，有着难以割舍的情怀。这温暖而圣洁的天赐灵物，在母亲勤劳而皲裂的手中变成丝线，变成布匹，经过剪裁缝制，变成楚楚衣冠。"如今布料的多样化，服饰的多元化，设计加工的国际化，给我们的生活带来了新奇感。日新月异、琳琅满目，但人们心中，还是久久难以忘怀儿时母亲手中的针线。

中国是世界上最大的纺织品生产国、出口国和消费国，纺织服装年进出口总额达千亿美元，国内纺织品消费总额达万亿元。我国平均每年消耗由各种纤维原料制成的纺织品约为6000万吨。验证纺织产品是否符合相关法律法规，是纺织品生产企业、社会公共检测机构和政府监管机构的重要工作。出入境检验检疫部门、质量监督部门和工商管理部门承担着重要的责任。据统计，全国从事纺织品原料组分检测的各类实验室达2000家以上，大多数规模较大的生产企业、经营企业也都配有此类实验室。按照我国强制性技术规范的要求，每年原料组分检测超过6000亿批次。

鉴别纺织品组分，传统的方法有化学法、燃烧法、染色法、显微镜法等。然而传统方法存在检测周期长、检测环境要求高、使用有毒有害化学试剂、破坏样品、依赖于检测人员的经验等问题，这大大影响了纺织产品成分含量的检测力度。采用近红外光谱技术现场快速鉴别纺织品原料组分，包括鉴别绵羊毛与混纺制品、纯棉与混纺制品以及其他混纺制品（如棉/涤纶、锦纶/氨纶、涤纶/氨纶、棉/氨纶）中各成分的含量等。近红外光谱技术的引入实现了"即测即得"的目标，满足了纺织品贸易、市场监督、废旧纺织品回收等多个环节快速有效的现场检测分类的需求。

经过十余年的研究，我国科研人员共收集了20多万个纺织样品，开发了近红外光谱法快速检测棉、涤纶、丝、黏胶纤维、锦纶、腈纶等常见纯纤维的定性鉴别方法和棉/涤纶、棉/氨纶、锦纶/氨纶、涤纶/氨纶、涤纶/黏胶纤维、棉/黏胶纤维等常见二组分混纺纺织品的定量分析模型，进行了近红外鉴别同质异构纺织品纤维（如棉麻）的机理研究，还制订了纺织领域多项近红外光谱分析标准（例如SN/T 3896.1—2014、FZ/T 01144—2018等）。为进一步方便用户使用，我国有关机构还建立了基于物联网的纺织纤维成分近红外光谱快速检测数据处理中心，将待测纺织品的近红外光谱数据传输至数据处理中心，用户即可在几分钟内得到检测结果，显著降低了近红外光谱技术的使用门槛。

纺织品中羊绒与羊毛的成分鉴别及其含量检测，一直都是技术难点，这是因为羊绒与羊毛同属于天然蛋白质纤维，二者的化学组成和组织结构非常相近。羊毛来自绵羊，羊绒产自山羊，世界上最好的羊毛来自澳大利亚，最好的羊绒来自我国内蒙古地区。我国出产了全球90%的羊绒，质量上也优于其他国家，由于羊绒纤维光泽好、细度均匀、滑糯柔软、富有弹性等优良特性，其经济价值远超过羊毛。采用近红外光谱技术可以快速准确鉴别羊绒与羊毛纤维，解决了纺织品中羊绒与羊毛成分鉴别的难题。除此之外，近红外光谱还可现场快速分析山羊绒净绒率，用来评价山羊绒质量。

近红外光谱现场快速鉴别织物的材质和含量

　　近红外光谱快速检测还在棉花、麻纤维种类等各种原料收购和加工领域有着极其广泛的用途。例如，近红外光谱可快速测定植物纤维原料苎麻中的纤维素和胶质含量，以确定加工过程中最佳的脱胶工艺参数，同时对农业育种工作也有重要的指导作用。近红外光谱方法可以快速无损检测出籽棉杂质的含量和类别，指导籽棉收购价格，并减少收购过程中的棉纤维损伤、提高棉纤维品质。2021年我国颁布了标准方法 GH/T 1337—2021《籽棉杂质含量快速测定　近红外光谱法》。

　　据报道，我国每年在生产和消费环节产生约2600万吨废旧纺织品，相应的废旧纺织品再利用率却不到14%。与此同时，我国纺织业仍然饱受原料供应紧张的困扰，纺织原材料的进口率高达65%以上。废旧衣物等纺织品再循环一直是困扰着我国纺织行业的问题，其中废旧纺织品有效分类识别和分拣技术是再循环利用的关键技术之一。

　　传统上废弃纺织品都是手工分类，通常是通过织物标签来进行识别。然而，标签可能不准确，有时甚至会丢失，对废旧纺织品进行快速分类成为棘手的问题。目前，国内外相关企业和研究机构基于近红外光谱开发出了废旧纺织品自动在线分类技术，它能快速准确地识别出由纯棉、聚酯、丙烯酸、羊毛、聚酰胺、丝绸、人造纤维素以及棉/聚酯混纺制成的废旧纺织品，这有助于废旧纺织品的高效、高值化回收利用。

1.2.10　兵不厌"炸"——炸药性能的预知

　　不知过了多久，隔山远处，一阵爆破声把汉柯从梦中叫醒。是附近的高铁施工队伍在使用炸药"劈山"建隧道。"沧溟浴日照春台，组练浈玉炸药开。"炸药源于我国，至迟在唐代，我国已发明火药（黑色炸药），这是世界上最早的炸药。革命时期，在炸药惊天动地的粉身碎骨中，诞生了幸福的新中国。新时代，它使岩层成沙、成粉，让银龙穿山越岭，在壮乡大地上飞驰，一路徜徉。

　　2000 多年前，中国的炼丹术士无意中制造出了人类历史上第一种火药，这种火药是由硝石、硫黄和木炭组成的三元体系，被称为黑火药。19 世纪中叶，瑞典化学家诺贝尔研制出硝化甘油炸药，为火药的发展做出了最杰出的贡献。如今，火药不仅广泛应用于武器领域，还在深空探测、矿产开采、地质勘探、石油开发、医疗救生等许多国民经济建设领域发挥着重要作用。

　　从黑火药诞生开始，人们就一直在探索含能材料的性能优化。由于时代限制，古人所采取的手段局限在物理研磨、组分比例调整等方面，仅仅是一种工程经验。近现代以来，化学学科的发展使人类掌握并创造物质的能力大大增强，科学家们相继合成出了性能优越的单质含能材料。随着材料科学技术的发展，结合材料制造工艺的提升，科学家们发明了数量众多的复合含能材料，包括炸药、推进剂、发射药、火工品等产品。在炸药领域，近红外光谱技术可用于从单质含能材料、复合含能材料到最终成品的全过程质量检测与控制，成为推动炸药生产过程连续化、自动化、数字化的重要技术之一。

　　单质含能材料是炸药的基础，为了满足工艺参数控制的要求，在生产过程中需要进行实时快速准确检测。这就像人的眼睛捕捉环境信息，大脑立即做出判断，最终肢体做出行为反应。硝化甘油（三硝酸丙三酯）是最早被发明的单质含能材料，它的性质极不稳定，会因震动而爆炸。除了作为炸药，它也是一种救命药，用于冠心病、心绞痛的治疗及预防，对于心绞痛患者来说有着神奇的效果。硝化甘油生产时，其中的硝化酸是可以循环利用的，一次硝化利用后，必须进行组分检测，根据检测结果重新配制再利用。传统的组分检测需要人工现场取样，然后送化验室进行分析。硝化酸的组分主要包括硫酸、硝酸、硝化甘油和水，传统方法需要对每个组分逐一分析，硫酸采用酸碱滴定方法分析，硝酸采用氧化还原滴定法分析，硝化甘油采用色谱法分析，水分采用差量法分析等。每种组分的检测都步骤冗长、操作烦琐、耗时费力。近红外光谱可在 2 分钟之内在线同时检测硝化酸中的多种组分，对保障生产安全和稳定起到了重要作用。

在线近红外光谱监控化学品生产过程

奥克托金（HMX）密度大、能量高、感度低，是目前单质含能材料中综合性能最优的炸药之一。现在世界各国普遍采用醋酐法进行生产，在生产过程中，乌洛托品含量的分析是其中的重要环节。传统化学分析方法周期长，不能够及时进行数据反馈，影响产品质量。目前，我国一些炸药生产企业采用近红外光谱建立了快速测定乌醋溶液中乌洛托品含量的方法，而且解决了温度对预测结果影响的技术难题，在工业生产中取得了很好的效果。

另外，奥克托金有 α 、β 、γ 、δ 四种晶型，工业生产的 HMX 产品通常存在 α-HMX 和 β-HMX 两种晶型。β-HMX 感度低、能量高，是性能优异的晶型，而 α-HMX 是杂质晶型。为了严格控制 HMX 产物中杂质晶型的含量，需要建立 α-HMX 含量的快速测定方法。近红外光谱技术利用不同晶型 HMX 中 C—H、N—O 等化学键的泛频振动或转动对近红外光的吸收特性，结合化学计量学方法，实现了 HMX 晶型纯度的快速检测。

单基发射药是以硝化棉为主体的溶塑型火药，主要作为多种轻武器和火炮的发射能源。硝化棉酒精驱水是单基发射药生产工艺的第一步，酒精中水分含量的偏差会对后续工艺产生影响，胶化过程中安定剂含量的准确性是单基发射药安定性能的基础，樟脑含量的多少影响单基发射药的钝感程度和弹道性能。近红外光谱技术能对单基发射药生产过程中的主要组成进行快速检测，针对驱水棉各组分（水分、乙醇和硝化棉）、安定剂（二苯胺、二号中定剂）和钝感药（樟脑），我国生产企业已建立了稳健的近红外光谱定量校正模型，为单基发射药的连续化生产实时提供分析数据，满足了单基发射药连续自动化生产的需求。此外，硝化棉含氮量的高低直接影响发射药能量的大小，也影响发射药的力学性能，因此准确测定硝化棉含氮量具有重要的意义。近红外光谱还可对含氮量进行快速分析，为硝化棉含氮量快速在线分析提供了一种新技术。

近红外光谱还在相关军事领域得到应用。例如，硝基氧化剂是一种常用的液体推进剂，硝基氧化剂主要是由浓硝酸和四氧化二氮组成的无机混合物，使用前需要检测其组成指标，采用近红外光谱方法可以替代传统的化学分析法，方便、安全、快速地测定相关指标。再例如，常用的鱼雷动力燃料主要由1,2-丙二醇二硝酸酯（PGDN）、2-硝基二苯胺（2-NDPA）、癸二酸二丁酯（DBS）三种成分组成，采用近红外光谱方法可对这三种成分含量进行现场快速分析，提高鱼雷燃料的检测效率。

1.2.11　一"木"了然——红木的"真与假"

两三个小时后，一家人到达了汉柯爸爸的朋友家。走近园子，花木错落掩映，小池清波荡漾，一栋两层小楼坐落其中，颇有"世外桃源"之闲逸。进了房门，才发现更是别有洞天。汉柯爸爸这位朋友喜欢古典文化，家中布置得颇有古趣：一套红木材质的明式桌椅摆在厅中，奠定了整套房子质感充实、古朴大气又不失精致高雅的主基调。屋中每一寸都彰显着工匠精神，让人爱不释手。

明朝永乐年间，郑和七下西洋，浩浩荡荡的宝船船队满载丝绸瓷器出海，经过沿途的朝贡贸易，每次回国都带回许多上好的红木。红木木质坚硬、细腻，纹理好，是制作家具的极品。明清家具之所以享誉海内外，除了一代代匠人的巧思妙手，也离不开红木本身的优秀品质。

　　"红木"不是单指一种木类，而是一个总称，如果细说的话，包含八类二十九种。八类指紫檀木、花梨木、香枝木、黑酸枝木、红酸枝木、乌木、条纹乌木和鸡翅木八个大类，二十九个树种中，巴里黄檀、奥氏黄檀、大果紫檀、阔叶黄檀和刺猬紫檀这五种占据了市场90%以上的销量。

便携式近红外光谱仪现场无损快速鉴别红木的类别

　　传统上，红木的鉴别需要依靠具有丰富经验的专业人员进行大量测试工作才能完成，很难满足市场的需要。有些不良红木家具厂商以次充好，以假乱真，让消费者苦不堪言。近红外光谱能够快速无损鉴别木材的种类，红木也不例外，我国已经开发出了用于红木鉴别的专用近红外光谱仪器。此外，近红外光谱也是一种野外便携式木材种类鉴别的有效工具，在珍贵树种保护方面具有极大潜力。

　　木材是复杂的天然聚合材料，其主要成分为纤维素、半纤维素和木质素等高分子有机物。其中纤维素为均一聚糖，半纤维素为两种或两种以上糖基的复合聚糖，它们都含有大量羟基；木质素的基本结构单元是苯丙烷，苯环上具有甲氧基和羟基。这些成分在近红外区都有较强的吸收，这为近红外光谱分析木材主要成分的含量和关键物理性质奠定了基础。原先需要2～3天的分析测试工作，采用近红外光谱后只需要几分钟的时间。

　　木材的微观结构，如纤维长度、纤维宽度、管胞长度、微纤丝角、纤维结晶度等，直接关系到木材的机械加工性能及利用价值，是评价木材质量的重要指标。近红外光谱除了可以快速检测木材的上述微观结构性质外，还能对木材密度、含水率、弯曲强度和弹性模量等主要力学性能进行评估，力学性质是木材作为结构和建筑材料的重要评价指标，对木材的利用具有十分重要的意义。

便携式近红外光谱分析仪现场快速评价木材的品质

木材是各向异性的非均质材料，不仅不同树种、同一树种不同产地、同一产地不同种源的木材性质都可能具有很大差异性，而且同一株树的不同部位、同一部位的不同方向，其木材性质也存在较大的差异性。这也正是近红外光谱发挥其优势和潜力的地方，它可以为木材的高效综合利用提供新的快速无损分析手段。

木材是一种容易腐朽的生物材料，木材的早期腐朽会导致力学强度的快速降低，近红外光谱能对木材早期腐朽（例如白腐、褐腐等）进行快速、准确的检测，可为木材的及时保护和合理利用提供参考。

1.2.12　未卜"纤"知——造纸制浆过程的"可视化"监测

才从古色古香的红木家具上挪开，汉柯的目光又被中堂挂着的青绿山水画吸引了。房主人伯伯见汉柯对画感兴趣，略带得意地介绍起画的来历。这还是十多年前他去安徽宣城旅游时淘来的，不谈作画，光是这所用的宣纸便是上品，质地绵韧、光洁如玉、不蛀不腐、墨韵万变。只有用这纸寿千年的宣纸，才能配得上名家的笔墨。

造纸术是我国古代四大发明之一，其发明不晚于西汉初年。到了东汉年间，蔡伦改进造纸术，使用树皮、麻头、破布、废渔网为原料造纸。他把这些原料铡碎，放在水里浸渍相当时间，再捣烂成浆状物，薄薄地摊在细帘子上，干燥后，帘子上的薄片就变成纸张了。这种纸被称为蔡侯纸，它纸体轻薄，原料广泛，价格低廉，是书写材料的一次革命。造纸术的发明与改进大大提高了文化传播的速度和规模，对中国和世界文明进步做出了巨大贡献。造纸业是国民经济的重要组成部分，我国纸张产量和消费量一直位于世界首位，随着技术发展，我国的造纸工业也从早期的产能分散、工艺粗放式生产向集约化、智能化生产转变。

目前，植物纤维是造纸业的主要原料，近红外光谱可快速检测植物纤维中的木质素、纤维素、半纤维素等成分的含量。纤维素是木材的主要组分之一，是木材的骨架物质，直接影响木材的性能，它也是造纸工业中对原料进行评价的重要指标。半纤维素是纸浆的成分之一，对制浆和纸张的性质有重要影响，半纤维素含量高，有利于提高纤维结合力，可以提高纸张的裂断长、耐破度和耐折度。木质素存在于木材纤维之间，通过交织成网状来提高木材的硬度和抗压强度，其含量是制定蒸煮和漂白工艺条件的重要依据。近红外光谱还可检测原料中木素的甲氧基含量，甲氧基含量是植物纤维原料的重要质量指标之一，原料中木素的甲氧基含量与蒸煮脱木素的速度成正比，其含量越高，脱木素速度越快。

蒸煮是制浆过程中的一个重要步骤，然而蒸煮粗浆质量波动大、得率低，能耗和化学品消耗高，这成为了制浆中的薄弱环节。制浆过程一般是一个不断降解和脱除木素的过程，因此准确测定木素降解程度和残余木素含量十分重要。残余木素含量主要以卡伯值表征，用于表明纸浆的木素含量（硬度）或漂白率。传统上，卡伯值依靠人工从生产线中取样后，通过复杂的化学分析而得到，通常测量一个样品需要约30分钟。生产线上的卡伯值波动非常频繁且剧烈，低效的传统方法不能满足对产品品质进行实时检测的需求。测量的滞后，使测量结果仅能对生产起事后的指导作用，而不能实时对产品品质与主要工艺参数实现控制。采用近红外光谱对纸浆卡伯值的在线检测可以实现对蒸煮过程的闭环反馈控制，对企业节能减排、提高市场运行稳定性、降低成本以及提高市场竞争力等具有重要意义。

近红外光谱除了可在造纸过程中对纸浆的卡伯值、制浆得率和木质素含量等关键参数进行在线实时测定外，还可通过检测木材原料，直接预测制浆得率，为木材的合理利用提供重要依据，每提高一个百分点的纸浆得率都可以为企业带来巨大的经济效益。近红外光谱还能够较好地用于造纸用木材原料的分类，对造纸用原料的定向培育选材具有很大的促进作用。

1.2.13 "茶"言观色——茶叶品控的"立体化"

寒暄作罢，主人家为汉柯一家准备了热饮果品。主人家取来了今年新出的明前龙井招待客人。汉柯拿起与古朴装修相得益彰的红木茶具，轻呷一口，浓而不烈的茶香中混着自然美感，入口温润畅快，舌尖极致享受。中国是茶的故乡，中华茶文化源远流长。雨前细芽，取其一旗一枪，尤为珍品。中国拥有大量有关茶树种植、制茶工艺、茶器用具和饮茶之道的物质文化知识。当人们饮茶时，有味觉的享受，有视觉的体验，有高山流水的天籁之音，还有自然芳香的草木之味，更有入口的温润之感。人的五感即味、视、听、嗅、触，尽在茶中，它是一种精神的享受，更是一种祥和、温馨、惬意的生活艺术。

我国是茶叶的原产地，中国的茶和茶文化伴随着东西方商贾的贸易风靡全球，茶叶、咖啡、可可是当今世界三大无酒精饮料。相较于其他两大饮料，饮茶的保健作用尤其突出，有着舒畅肠胃、抗氧化、抗衰老、降血糖和降血脂等功效。

作为我国的特色农产品，茶叶是乡村振兴、精准脱贫的支柱产业。目前，我国的茶叶市场年产值超过 3000 亿元。随着国人生活水平提高、健康意识增强以及茶文化的复兴，人们对茶叶品质的需求也在逐渐增加。

茶叶风味由茶树品种、产地、采摘以及生产加工的方式决定。其中，茶叶的加工过程对于茶叶风味及茶叶品质来讲至关重要。茶叶的加工过程主要包括：杀青、揉捻、干燥、发酵等。依据发酵程度不同，由浅而深分别为绿茶、白茶、黄茶、乌龙茶（青茶）、红茶、黑茶。不同的加工工艺不仅影响茶叶的颜色、形状、纹理等外观品质，还影响茶叶的化学成分，例如氨基酸含量、咖啡因含量、茶多酚含量。

传统的茶叶质量检测与评价方法有感官审评和湿化学检测法，它们虽能准确检测茶叶成分含量和评估茶叶品质，但也有各自的缺点。感官审评由训练有素的审评小组按照茶样的外观和内质评分结合加权系数来判定茶叶品质，该方法受人为因素影响较大，客观性不足。湿化学检测法通常需要借助高效液相色谱仪和气相色谱质谱联用仪等昂贵的精密仪器，并且样品需要复杂的前处理。检测结果虽然准确客观，但存在样品破坏、操作烦琐、耗时费力、检测成本高等缺点，无法

不同茶叶的加工过程

满足茶叶加工中多组分含量快速无损检测与实时控制的需要。相对于传统方法，近红外光谱分析方法是一种便捷、快速，适合于茶叶收购和加工各环节的检测技术。近年来，茶叶近红外光谱专用检测装备获得了迅速发展，我国科研人员先后开发了茶鲜叶品质专用近红外分级仪、茶叶质量快速检测装备、便携式茶叶品质快速检测装备、智能手机耦合微型茶叶质量快速分析仪和茶叶在线分析仪。这些专用仪器能对茶鲜叶、绿茶杀青叶、红茶发酵叶、成品红茶和绿茶品质进行定量和定性评估，取得了很好的应用效果。

茶鲜叶质量是茶叶品质的基础，采摘高质量的茶鲜叶对加工出高品质的成品茶至关重要。近红外光谱技术能够快速分析茶鲜叶中的含水量、全氮量和粗纤维含量，通过计算茶鲜叶质量系数（含水量 × 全氮量 / 粗纤维含量）来评判鲜叶的质量和收购价格。一般来说，茶鲜叶质量系数越高，鲜叶品质越好，该方法可用于茶鲜叶原料的市场交易，为茶鲜叶的公平交易创造良好条件。

不同品种的茶叶有着不同的特点，但即使是同一个品种的茶叶，由于不同的气候以及水土条件，不同产地的茶叶仍有着细微的区别。传统的产地判断方法通常依靠人类的嗅觉、视觉和触觉等感官器官和个人经验，具有较大的主观性和随意性，近红外光谱技术的引入，很好地解决了茶鲜叶产地判别难题。恩施玉露是

近红外光谱现场快速分析鲜茶叶的品质

我国著名的蒸青绿茶，也是国家地理标志产品，保护范围为湖北省恩施市芭蕉侗族乡、舞阳坝街道办事处现辖行政区域。该区域气候常年温暖湿润，朝夕云雾缭绕，昼夜温差大，利于光合产物的积累，茶树芽叶蛋白质、氨基酸和生物碱等营养成分非常丰富。随着产业的发展，在收购恩施玉露原产地鲜叶时，传统方法已不能满足需求。采用近红外光谱技术能够建立茶鲜叶产地的预测模型，为恩施玉露茶的地理标志产品属性提供技术保障。在有效判别茶鲜叶产地的基础上，由于鲜叶的质量与收购价格呈正相关，利用近红外光谱技术还可以建立鲜叶价格的预测模型，实现茶鲜叶收购价格的快速预测。

目前，我国茶叶的初加工仍主要依靠制茶师傅的经验即"看茶做茶"，如"一看二闻""手抓成团、松手不散"等，或是基于设备温度、时间、转速的简单过程控制，这导致茶叶风味稳定性较差。近红外光谱技术能够快速测定茶叶中茶多酚、咖啡碱、游离氨基酸等影响风味的主要成分含量，所以被用于茶叶加工过程中的质量管理，以达到降低能耗、优化工艺、稳定品质的目的。此外，近红外光谱也开始用于绿茶的杀青、乌龙茶的做青与焙火、红茶的发酵等过程的品质监测。发酵环节对于红茶尤其重要，近红外光谱技术的引入能够弥补人工判断的不足，客观且便捷的发酵程度检测能让红茶发酵环节更加科学合理。总之，采用近红外光谱技术不仅可以节省大量的人力和物力，而且有利于茶叶生产的标准化和规范化，促进茶叶加工向数字化、自动化和智能化升级。

与此同时，近红外光谱技术在茶叶种类识别、质量等级判定、产地鉴别和掺杂鉴别等领域均有所应用。绿茶是我国的主要茶类之一，冲泡后的绿茶清汤绿叶，气味怡人。由于绿茶未经发酵，最大程度地保留了鲜叶的天然物质，保健功效显著。绿茶种类繁多，不同品种以及工艺制得的绿茶在风味和微量元素上存在显著差别，但普通消费者很难通过外观特征对其进行鉴别，因此无良商家"以次充好"的现象屡见不鲜。根据已有文献报道，近红外光谱技术能够快速准确地鉴别西湖龙井、洞庭碧螺春、祁门红茶、庐山云雾茶、安溪铁观音和武夷岩茶等多种中国名茶。针对碧螺春绿茶、祁门红茶的等级判别以及龙井茶的产区识别，近红外光谱均能给出准确可信的结果，这对规范茶叶市场的运行具有积极的促进作用。

我国自行研制的滇红功夫茶品质的在线监测系统

散茶是我国最常见的茶叶产品，然而茶叶产品不止于此，对于茶叶进行进一步的加工，我们能获得更多种类的产品。速溶茶是一种泡制方便、极易溶解的超微茶粉，具有可快速冲饮、携带方便等优点。它以成品茶、半成品茶、茶叶副产品或鲜叶为原料，通过提取、过滤、浓缩、喷雾干燥等工艺，加工成极易溶解且无残留的新型饮料。近年来，我国科研人员已建立近红外光谱快速测定固态速溶茶中水分、茶多酚、咖啡碱含量的行业标准方法，对速溶茶品质的可控性和稳定性起到了积极推动作用。

茶多酚是从茶叶中提取的天然抗氧化成分，它能阻断脂质过氧化过程，提高人体内酶的活性，从而起到抗突变、抗癌症的功效。茶多酚是茶叶中多酚类物质的总称，包括黄烷醇类、花色苷类、黄酮类、黄酮醇类和酚酸类等物质。传统测定茶多酚制品中的有效化学成分多采用液相色谱方法，然而该方法操作过程复杂、分析时间长，难以满足生产企业的需求。2019年我国制订了近红外光谱测定茶多酚制品中化学成分的行业标准，显著减轻了传统分析测试的压力。

1.2.14 "啡"同小可——让咖啡口感"有据可循"

> 汉柯爸爸一路开车，有些乏了，淡茶力度有些不够，便讨要了一杯咖啡。主人家有许多好茶，却对咖啡研究不多，只有挂耳的速溶咖啡可以招待客人。"茶与咖啡，就像电影《北京遇上西雅图》般，东方与西方的文化撞击，矛盾而又融洽。茶如坐草木之间，清新而悠远；咖啡是用火的烫痕，烙印着芳香。"

与茶叶相同，咖啡也是风靡世界的三大饮料之一。咖啡起源于非洲，却在欧洲人的手中发扬光大，成为西方文化的重要组成部分。中国人喝咖啡的历史很短，加上浓厚的茶文化的影响，我国的咖啡年消费量仅为 20 万吨。然而都市中的中国年轻人对咖啡的热爱正在急速升温，市场调查表明，我国的人均咖啡消费量正以 30% 的速度逐年递增，中国成为世界上最具潜力的咖啡消费大国。咖啡的质量和其独特的感官特性取决于整个产业链环节，影响咖啡最终品质的因素有：产地、气候、品种、采收方法、加工工艺、储藏条件和冲泡方法，咖啡的香气和滋味是判断一杯咖啡好坏常用的标准。

常见咖啡豆树种有两种：小粒的阿拉比卡种（*Arabica*）和中粒的罗布斯塔种（*Robusta*）。咖啡豆的化学成分相当复杂，其中又以碳水化合物占比最大，约为 60%，另外还有一些蛋白质、脂肪、丹宁酸、咖啡因、矿物质及其他的微量成分。咖啡的品种、产地及收获季节，都会影响到这些成分的含量。烘焙对于咖啡的味道和香气影响很大，生豆只有经过烘焙才能变成供研磨和饮用的咖啡豆，一般分为浅度、中度、深度和特深度烘焙。烘焙使咖啡生豆内部发生一系列复杂的化学反应，其中占主导地位的是美拉德反应，该反应以羰基化合物（还原糖类）和氨基化合物（氨基酸和蛋白质）为反应物，经过复杂的历程最终生成棕色甚至是黑色的大分子物质，又称羰氨反应。

近红外光谱能快速、便捷地测定咖啡豆中的水分含量，以此判断烘烤程度，并反馈相关的数据，根据这些数据，工作人员能及时作出调整，达到理想的烘焙程度。近红外光谱还能快速测定咖啡豆中咖啡因、茶碱和可可豆碱的含量，甚至可以直接预测咖啡感官品质的评分，例如香气、风味、余韵、酸度、平衡度、干净度、甜度等。基于咖啡中的成分数据和感官品质评分，咖啡师能针对不同口味特点作出微调，帮助咖啡门店保持一贯的出品水准。

近红外光谱快速鉴别咖啡豆的种类以及不同烘焙程度

近红外光谱的应用不仅仅限于咖啡产业中的烘焙过程，它还可以贯穿咖啡的整个价值链。含水量较高会加剧咖啡豆的霉变风险以及影响感官特征，借助近红外光谱技术，商家、仓储和生产人员可快速测定咖啡豆的含水量，从而精确制定采集、运输、储存和加工计划。速溶咖啡加工过程产生的咖啡残渣中存在大量生物活性化合物，例如绿原酸及其衍生物，可用作抗氧剂、抗过敏剂和抗癌剂。近红外光谱能够快速测定咖啡残渣中这些化合物的含量，为后续提取工作及时提供数据。

近红外光谱还被用于鉴别咖啡豆的真伪，有些不法商贩往咖啡中掺入谷物、玉米、大豆和红糖等物质以获得更高的利润，这不但影响质量和口感，也损害消费者利益。我国海关等部门正在研究基于近红外光谱建立一种咖啡掺假的快速鉴别方法，对进口咖啡的质量把关，以打击伪劣产品。

针对咖啡豆、籽仁、坚果等产品中的颜色瑕疵品、形状残缺品、空壳以及玻璃、塑料、石块、土块、木屑、金属、动物粪便等外来异物，国际上已基于近红外光谱和视觉技术等开发出商品化的分选设备，可以准确高效地识别和剔除各种异物，确保筛选后的产品达到食品安全和质量标准的要求。

1.2.15　"糖"舌蜜口——制糖工业的优质优产

汉柯爸爸也不太了解咖啡，只是日常工作困倦的时候，一杯浓浓的咖啡比一杯酽茶更为解乏。咖啡有点苦，汉柯爸爸放了几块方糖下去，口感立刻好了许多，也消了几分困倦。唐朝诗人李硕曾说："扶南甘蔗甜如蜜，杂以荔枝龙州橘。"甘蔗为甜，甜之如蜜，这是所言不虚的。

蔗糖的生产主要以甜菜和甘蔗为原料，在我国甘蔗制糖量占蔗糖产量的九成以上，而制糖业生产成本的70%在原料甘蔗。在甘蔗收割前，对于甘蔗质量和数量的评估是优化收割计划和供应链管理的关键，这有助于增加种植者和制糖工厂的利润。采用专用便携式近红外光谱仪对田间的甘蔗进行扫描，能够快速得到甘蔗中糖、水分和纤维等成分的含量。根据这些数据，农户可以估算收获时间，并根据田间甘蔗质量分布规划下一季的种植。

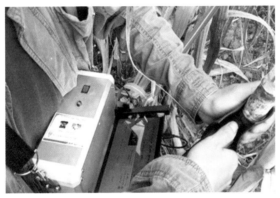

便携式近红外光谱仪现场快速检测田间甘蔗的品质

早在20世纪90年代末期，我国就利用近红外光谱实现了甘蔗收购时的快速分析，测定甘蔗榨汁或甘蔗破碎片中的糖度、浓度（锤度）和纤维素含量，在实现按质论价的同时，也为生产管理提供了重要的数据。

早期用于甘蔗分析的近红外光谱仪需要人工对甘蔗进行破坏，因此应用受到了一定限制。如今，科研人员设计了半自动化近红外光谱在线分析仪器，它可以自动将甘蔗粉碎，通过传送带进样，测定破碎甘蔗中果汁、油分、纤维和水分的糖度。该分析仪具有高检测通量，每24小时可以检测200～300个样品，每份样品量可达3～18千克，这保证了结果的高准确性。

从甘蔗或者甜菜到最终产品，蔗糖生产需要经过多个步骤，比如净化、结晶、精制。蔗糖生产线上的质量控制非常重要，近红外光谱能够快速有效监控多个生产环节中的关键参数，分析对象包括不同类型的甘蔗汁、糖蜜、糖浆和晶体糖产品等。

近红外光谱能够在线快速测定混合汁、清汁、糖浆、糖膏等中间制品的纯度、锤度、糖度、色值和还原糖值等参数，实现工艺过程的稳定和优化控制。对于白砂糖成品，近红外光谱能够测定蔗糖分、电导灰分、浊度、色值和水分等指标，及时反馈产品质量状况，企业可以此进行生产工艺调节，提高生产效率和质量。

除了目标产品，蔗糖生产过程中的副产品通过进一步的加工，也能产生一定的经济价值。糖蜜可以生产高活性干酵母和朗姆酒，甘蔗渣连同蔗梢、蔗叶一起可以作为饲料，蔗泥还可以变成有机肥料。对制糖产业副产品的深度加工利用，是实现生态糖业和糖业循环新理念的途径，这更加需要近红外光谱这一"绿色环保"分析技术的支持，其前景非常广阔。

1.2.16　硕"果"累累——水果的丰产与甘味

主人家端上了内容丰富的果盘。不同时令、不同地区的水果被削切成块，等待品尝。数百万年前，当我们的祖先第一次被枝头的硕果吸引，水果这种特殊的食物就一直伴随着我们走过整个人类史。早年物流不发达的时候，各地都只能吃到本地的时令水果，如今物流便利，足不出户，就能尝到全国甚至全世界的各样水果。今天中国变成了地球上最大的果园，但中国的水果产业离现代化仍有距离，只有通过科技进步，改良品质、提升采后管理，不断降低成本，才能满足人民的水果需要，让14亿人民持续从水果中品尝幸福的味道。

新鲜的水果汁水丰盈，营养丰富，是人人喜爱的美味。为了满足消费者对水果的需求，一代代果农不断更新技术，进行精耕细作。近红外光谱技术是果农的好帮手，在现代化的果园中，不论是育种、种植、采收还是分选，都有它大展身手的机会。

优质的品种是保证水果产量和品质的先决条件，在进行品种选育时，新培育出的果实十分珍贵，传统的分析手段属于破损分析，会破坏来之不易的种子，因此不再适用。近红外光谱技术可以实现对果实的无损检测，以此获取潜在新品种果实的重要性状指标，协助选育优质品种。而且，近红外光谱技术可早期鉴别雌雄异株果树（例如猕猴桃）的性别，这可用来合理搭配雌雄种植的比例，提高亩产率。

在水果生长过程中，也有着近红外光谱的用武之地。通过便携式仪器，果农可以及时了解果实内部成分的动态变化趋势，结合农艺知识，协助肥水管控，为栽培管理提供科学依据。适时采收可以提高果实的优品率，实现提质增效。在水果采收阶段，利用手持式仪器，以周为间隔监测树上果实的指示性状变化，可以确定最佳采收期。例如，澳大利亚芒果以干物质含量 16% 为最佳采收标准，利用近红外光谱便可以确定其最佳采收期，果农将芒果增收的 40% 归结为最佳采收期预测的创新应用。除芒果外，牛油果的最佳采收期也可以通过便携式近红外光谱检测设备来确定。

便携式近红外光谱仪用于水果生长的长期监测

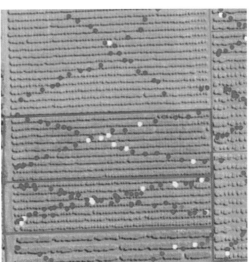

便携式近红外光谱仪用于牛油果干物质含量监测
最佳采收期预测（蓝点：成熟；黄点：近熟；红点：未熟）（右）

柑橘因营养丰富，果肉酸甜适度，受到人们的喜欢。柑橘在田间生长发育和采后果实储运的过程中，其树体与果实遭受的最大病害为柑橘黄龙病，它严重降低了果实的产量和质量，重者甚至会导致树体死亡，俗称为柑橘"癌症"。目前，柑橘黄龙病尚未有治愈办法，因此对柑橘黄龙病的监测和防控尤为关键，而监控前提则是能对该病进行早期快速诊断。传统的柑橘黄龙病检测方法都存在着各自的不足，尤其是不能满足果园大面积现场、快速、大批量的检测分析。我国科研人员在利用近红外光谱技术快速诊断柑橘黄龙病方面已经做了大量的工作，该技术在柑橘黄龙病的大规模、早期快速检测中将有很好的应用前景。

水果产后阶段，更是近红外光谱技术大放异彩的时候。智能分选是水果采后的主要商品化处理技术，通过自动化的近红外光谱检测，实现基于水果大小、重量、色泽、表面缺陷和口感等综合素质的果品分级，满足消费者的差异化偏好和市场对水果品质多元化的需求，降低水果交易的不确定性，增加回购率，提升品牌价值。而且，通过水果市场的等级价格信息反馈引导生产要素的投入和配置，提高水果生产的现代化水平，实现行业的增产和增收。

由于品种、种植条件、管理水平等因素的影响，水果风味存在较大差异。例如富士苹果的白利糖度在 7 度到 19 度之间，通常差异在 2 度以上，人的味蕾就能分辨出来。除了糖度、酸度等指标外，干物质含量也常常作为某些水果的分选标准。例如从 2015 年开始，新西兰猕猴桃出口商便以最低干物质含量作为口感标准，通过近红外光谱分选设备挑选合格的果实用于出口。经过分选包装的猕猴桃平均价格约提高 30%，显著提高了种植户的收益。

果蔬在采收、运送、仓储环节中容易受到一些轻微损害（如机械损伤、冻伤）和病菌侵染（如苹果霉心病、鸭梨黑心病等）。带有损害和病害的果蔬在缺陷形成早期很难被肉眼或传统机器视觉识别，随着时间的推移，这些缺陷会引起果蔬腐烂，还会感染其他正常果蔬，造成较大的经济损失。近红外光能够无损穿透水果内部，快速检测水果内部隐性缺陷（褐变和霉变等），与多光谱成像技术和深度学习算法相结合，则能够满足水果外部缺陷检测的需求。

我国水果种植面积稳居世界前列，水果分选市场广阔，统计结果显示，我国分选装备需求达上万台，市场规模可达 60 多亿元。近些年，我国多家企业也研制出了具有自主知识产权的水果动态在线分选装备，不但能对水果的大小、重量、糖度、酸度、内部缺陷等指标进行同步检测，还能够实现自动上下料、自动

| 正常果 | 未成熟果 | 果肉褐变果 | 局部果肉褐变果 |

| 糖心果 | 局部糖心褐变果 | 糖心褐变果 | 霉芯褐变果 |

近红外光谱可检测出各种隐形缺陷的苹果

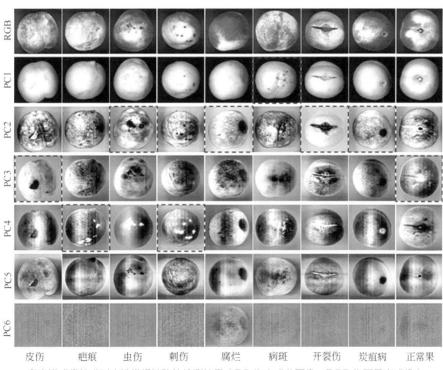

| 皮伤 | 疤痕 | 虫伤 | 刺伤 | 腐烂 | 病斑 | 开裂伤 | 炭疽病 | 正常果 |

多光谱成像技术对大桃常规缺陷的检测结果（PC 为主成分图像，RGB 为可见光成像）

包装等功能。近红外光谱分选技术的使用显著增强了区域特色农产品的精品化水平和市场竞争力，实现水果种植业从"数量规模"向"品质效益"的转变。

我国自行研制的柑橘在线分选装置

我国自行研制的西瓜在线分选装置

我国自行研制的苹果在线分选装置

另外，在日本等发达国家，一些大型商场中也有了近红外光谱仪的身影，顾客可自行测定水果的糖度和酸度，以此挑选心仪的水果。在西方国家，经过近红外光谱品质检测的果品（例如糖心苹果）都贴有证书标签，其价格高出同类果品几倍。许多水果中的特殊成分有着医疗保健效果，例如富含"β-隐黄素"的蜜橘对骨骼代谢有帮助，富含"GABA"氨基酸的葡萄可抑制血压，富含原花青素的苹果具有抗氧化及抑制内脏脂肪堆积的效果。近些年来，近红外光谱技术也被越来越多地用于这些功能性水果的评价与筛选。

一盏饮，一碟餐，汉柯爸爸和老友相谈甚欢，两人谈天说地，颇有老友难聚之感。转眼就临近中天。厨房中女主人已经忙活了许久，锅碗瓢盆叮当作响，饭菜香味弥漫客厅，勾起了汉柯的馋虫，午饭的时间到了。

1.3.1 "橄"为人先——橄榄油品质分级有讲究

第一道菜是一份经典的让人食欲顿开的蔬菜沙拉。翠色欲滴的生菜、苦苣、玉兰菜在盘中有序摆开，简单的调味既不夺蔬菜本味，又为沙拉带来了新鲜色彩，激发了沉睡的味蕾，适量的橄榄油更是点睛之笔，油润鲜亮的裹包，使得整道菜的品味增加了层次，多了些香滑与醇厚。

橄榄油起源于地中海沿岸，在欧洲饮食文化中扮演着重要的角色。橄榄油有着独特的风味，烟点高，且有着极佳的天然保健功效，被称为"黄金液体"和"植物油皇后"。特级初榨橄榄油制造工艺非常简单，只通过物理压榨和油水分离就能制得，最简单的工艺最大限度地保留了橄榄中的营养成分。特级初榨橄榄油中含有多种生物活性成分，如橄榄多酚、角鲨烯、维生素E和胡萝卜素等，具有良好的抗氧化和清除自由基能力，对人体健康十分有益。以橄榄油为核心的地中海膳食模式能有效降低心血管疾病的发病率。

橄榄油的品质与橄榄品种、生长环境、种植条件、压榨工艺和储存方式等密切相关。在育种方面，近红外光谱能准确预测橄榄中的含油率、水分含量、油酸含量和亚油酸含量，可作为分选母本的工具，为橄榄育种提供新的检测手段。橄榄油的品质与果实的成熟度有密切的关系，采用便携式的近红外光谱仪可现场检测果实中的总酚、毛蕊花苷、橄榄苦苷、花色苷等活性成分的含量，以此判断橄榄的成熟度，为判断采摘期提供科学依据。

橄榄加工企业采用在线近红外光谱分析橄榄果的品质，根据其油含量、硬度和颜色等指标进行筛选和分级。除此之外，近红外光谱还可分析橄榄果渣中的水含量和油含量，为橄榄果的精细化加工提供数据支撑。

橄榄油以丰富的不饱和脂肪酸含量著称，平均约占 75%，某些品种的不饱和脂肪酸含量甚至可达 88%。在不饱和脂肪酸中，油酸占比 55%～83%、亚油酸占比 3.5%～21%、亚麻酸占比 0.3%～1.5%，剩余的饱和脂肪酸含量占 10%～18%。脂肪酸组成中的亚油酸和亚麻酸的比例是一个重要的指标，通常来说，特级原生橄榄油中两者的比例低于 20∶1，理论上讲该比例可以达到最理想的 4∶1，实际上，能达到这种比例的橄榄油非常罕见，比例处于 6∶1 到 12∶1 之间就已是品质很好的橄榄油了。除了能够快速分析橄榄油中的主要化学成分以外，近红外光谱还可对酸值、过氧化值、ΔK 值等理化指标进行快速分析，这些理化性质可作为橄榄油精炼程度和储藏稳定性的参考指标。

近红外光谱技术可以帮助我们对橄榄油进行品质鉴定和产品分级。目前市面上橄榄油的掺假主要分两种，一是往优质橄榄油中掺入劣质橄榄油或者橄榄果渣油，二是在橄榄油中掺入其他种类的油，如榛子油、葵花籽油。近红外光谱技术能够鉴别橄榄油的掺杂情况，这为橄榄油的品质鉴定和掺杂量检测提供了一种简便、快捷的方法。

近红外光谱技术还可以快速鉴别橄榄油的产地。希腊克里特岛是著名的橄榄产区，该地生产的橄榄油享受"原产地命名保护"（Protected Designation of Origin，PDO）和"地理标志保护"（Protected Geographic Indication，PGI）。克里特岛的橄榄油树种以克拉喜为主，它是克里特岛独有的树种，果味醇厚、多酚含量非常高。近红外光谱技术能很好地区分该地区产的橄榄油和欧洲其他地区的橄榄油。

近红外光谱快速鉴别橄榄油产地和品质

1.3.2　"牛"刀小试——牛肉品质检测只需"扫一扫"

> 味蕾被蔬菜沙拉重新唤醒，接下来待品尝的便是主菜肋眼牛排。经过了油脂的美拉德反应，一块块牛排被煎得外酥里嫩、香气四溢，汉柯看得垂涎三尺。餐刀切开，汁水漫出，焦褐色的外表下是仍然粉嫩的内里。高等级的牛排肌肉和脂肪交杂，勾勒出细腻的大理石花纹，味道浓郁，筋道有力，弹性十足。

　　牛肉作为日常最重要的食品之一，以其高蛋白、低脂肪、维生素及矿物质含量丰富的特点，深受消费者的青睐。现代化的牛肉企业对于牛肉有两道关键检测：其一为牛肉的安全指标，例如是否新鲜、细菌是否超标等；其二为牛肉的品质指标，例如大理石花纹等级、肌内和肌间脂肪含量、蛋白质含量和水分含量等。两道检测，前者决定牛肉能否入口，后者决定牛肉是否好吃。

　　在企业端，使用传统方法对牛肉进行检测，需要专业人员使用专业设备进行分析测试。传统方法耗时长，且需要破坏样本，造成了时间浪费和食物浪费。到了消费端，普通消费者一般通过"眼观、手摸、鼻子闻"三步走的方式判断一块牛肉是否新鲜、好吃，存在主观性强、人为误差大的缺点。近红外光谱作为一种无损检测技术，可用于对牛肉的安全和品质的无损检测，具有快速、实时、客观的优点，更能满足我国牛肉市场的检测需求。

　　近红外光谱技术不仅可以对牛肉的肉色、嫩度、大理石花纹、保水性等感官特征进行评价，还可以快速检测牛肉中蛋白质含量、脂肪含量、水分含量等仅凭人类感官无法获取的成分信息，甚至可以准确鉴别牛肉的品种和部位。

　　大理石花纹由肌肉纤维中分布的脂肪形成，是判断牛肉好坏的重要因素。通常牛肉的花纹越细腻，代表肉的品质越好，采用近红外光谱成像技术可对大理石花纹进行分级。嫩度是评价肉质好坏的指标之一，嫩度高的肉类口感较好，嫩度主要受肉的内部结构影响。针对牛肉的嫩度，已有公司开发出了商品化的近红外牛肉嫩度分级仪（Quality Spec BT），可在屠宰环节按照嫩度对牛肉进行分级包装。

　　新鲜度是肉类的一项重要安全指标，由于牛肉保存期短、易变质，新鲜度是消费者、企业以及质检部门进行肉质评价的最常用指标。当前牛肉新鲜度评价主要通过感官评定或者结合复杂的理化、微生物学分析方法进行。感官评定主观性强，理化与微生物学分析则烦琐费时，还会破坏样品的完整性。由于缺乏高效、快速的分析手段，当前的新鲜度检测技术不能满足现代畜牧业大批量、快速、实时检测和分级的需求。

牛肉的新鲜度可以通过挥发性盐基氮（TVB-N）这一指标来表示，近红外光谱技术可以精确检测牛肉的挥发性盐基氮含量，进而判断牛肉的新鲜程度。此外，新鲜牛肉的 pH 值一般在 5.8 ~ 6.4，如果存储不当，细菌就会大量繁殖使肌肉组织分解，脂肪发生酸败。腐败的牛肉 pH 值一般在 6.7 以上，因此通过 pH 值可对牛肉的新鲜度进行常规判断。近红外光谱技术可以现场快速检测牛肉的 pH 值，对市场上的牛肉（例如牛排和牛肉汉堡等）进行有效的监督管理。

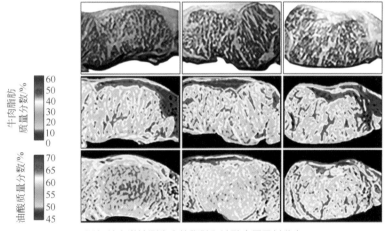

牛肉脂肪质量分数/%

油酸质量分数/%

近红外光谱检测牛肉的脂肪和油酸含量及其分布

肌肉系水性或系水力（Water Holding Capacity）是肌肉组织保持水分的能力，多用自由滴水量（即滴水损失，Drip Loss）来表示。系水力对肉品的营养及风味等起到重要作用，系水力的强弱直接影响肉品加工、运输及储藏等过程中肉品营养汁液流失量，最终影响消费者食用过程中肉的多汁性、弹性及咀嚼感等食用口感。利用近红外光谱技术测定肉质的系水性，可实现屠宰当天对牛肉畜体的在线分级。

在传统的肉制品（如火腿、午餐肉等）生产中，不同原料肉（精瘦肉、肥膘、碎肉）的加入比例主要靠熟练工人的经验，产品品质稳定性无法得到保证。在肉制品生产线上，近红外光谱技术可以在线检测搅拌机出口或传送带上原料肉中蛋白质、脂肪、水分等主要成分的含量，使操作人员能够及时优化搅拌机配料比例（如肥瘦肉比例），降低生产成本，增加企业利润。有报道称，某公司肉制品要求脂肪含量≤18.0%，原有分析系统的准确度为±2%，使用原有的分析系统，原料肉中最多只能添加16.0%的脂肪。采用近红外光谱技术后，不仅分析速度变快，而且测量准确度显著提高（±0.5%），原料肉中就可以添加多达17.5%的脂肪，可使成本大大减少。

一些不法商家为了追求更低的成本、更高的利润，会将一部分低价肉掺入牛肉中，制成肉饼、肉馅、"牛"排等，极大地影响了肉品的质量，损害消费者的权益。人眼只可得到肉品的颜色、纹理等外观信息，依靠人的主观判断难以对掺假肉品进行分辨。近红外光谱技术不仅可得到肉品的外观信息，还可得到肉品的内部成分含量，可对掺假肉品和掺假比例做出精确判断。例如，一些火锅店为了追求利润，常用组合肉以次充好，欺骗消费者。利用近红外光谱技术可以快速检测牛肉中是否掺杂低价的其他肉类，为现场检测餐厅食品的安全性提供了可能性。此外，近红外光谱技术还可对"注水肉"进行现场快速筛查。

美国农业部开发的牛肉嫩度（左图）及大理石花纹（右图）实时预测装置系统

在储藏过程中，牛肉容易受到微生物、细菌的侵扰，造成牛肉的腐败，因此实时监测牛肉中的细菌数量对牛肉的安全预警、货架期的精准预测具有重要意义。目前，主要以传统平板计数法（需要48小时）对牛肉细菌总数进行检测，这些方法虽然有效，但存在耗费人工、具有破坏性、检测结果滞后的问题。区别于传统检测方法，近红外光谱检测技术可根据微生物特异性蛋白测定牛肉中的细菌含量及分布，具有无损、快速、便于操作的优点。

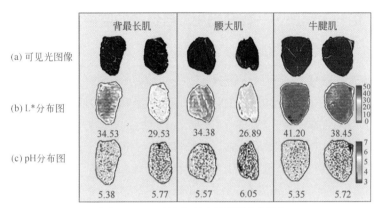

牛肉 pH 及 L* 的近红外光谱预测分布图像

高速增长的肉类需求带动了肉类工业的发展，但与此同时消费者也对肉类安全、营养、品质提出了更高的要求。调查显示，大多数消费者愿意为肉类及肉制品的质量和安全性支付更高的价钱。因此，为了满足消费者的需求，采用近红外光谱等现代分析手段对肉类生产的整个过程进行监控，即对原材料到最终产品的品质和安全进行控制与分析将是大势所趋。

除了牛肉外，近红外光谱还被用来评价猪肉、鱼肉、鸡肉等肉类的品质。例如，近红外光谱可用来评价三文鱼和金枪鱼等鱼肉的新鲜程度，还能分辨是否为冷冻鱼肉等。再例如，通过近红外高光谱成像可以在鸡肉屠宰流水线上对鸡胴体上的粪便、血液、胆汁等污染物进行在线检测。

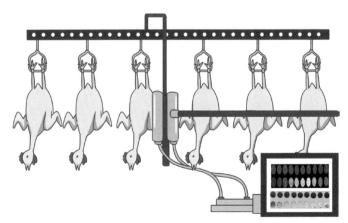

鸡肉屠宰流水线的在线近红外光谱成像检测系统

1.3.3 "葡"天同庆——葡萄酒生产全链条的监控

"霞染清樽倒映红，香流浅淡渐朦胧。"一杯醇香的红葡萄酒是肋眼牛排的最佳拍档。抿一口红酒，送一块肉，牛排的魅力在口中发挥到极致。高等级牛排有着丰富的脂肪，而红葡萄酒富含单宁，能够中和脂肪，减少油腻的感觉并分解蛋白质，使肉质更加细嫩鲜美。牛排红酒的奇妙反应，令牛排回味无穷的同时，也让酒的果味更趋突出。葡萄酒的酿制，靠的不仅仅是酿酒技术，更在于酿酒人对葡萄酒的情感，"天若不爱酒，酒星不在天。地若不爱酒，地应无酒泉。"执杯对月，把酒问天，心到了，酒香也就到了。无论是葡萄种植采收，还是酒液的灌装，都需要酿酒人把一颗心融化其中，把对酒的浓厚情感贯穿整个酿酒过程，以真心、诚心酿酒，才能收获激荡心灵的上乘美酒。

自西汉张骞"凿通西域"，葡萄首次在华夏大地上生根发芽，在引进葡萄的同时，先人还一并学习了葡萄美酒的酿造方法。唐朝疆域广阔，是我国中西文化交流的高峰，大量西来的胡人也带来了他们的饮食风俗，葡萄酒因此风靡一时，从宫廷权贵的桌案走向民间市井。到了近现代，乘着欧美文化传播的东风，葡萄酒也席卷全球。今日的中国，葡萄酒因色泽喜庆、营养丰富、味道甘甜醇美，逐渐成为人们聚会时的宠儿。

红葡萄酒是选择皮红肉白或皮肉皆红的酿酒葡萄，采用皮汁混合发酵，然后进行分离陈酿而成的葡萄酒。葡萄酒的品质主要由葡萄品质以及酿造工艺决定，葡萄的品质又受到葡萄品种、产地的气候、土壤条件及栽培技术等因素影响。优质葡萄酒对葡萄的成熟度和含糖量有一定的要求，在酿制前需要对葡萄的成熟度进行检测，只有达到一定甜度、酸度，才满足采摘的要求。所以，每一位葡萄园管理者，都小心翼翼地观察着葡萄的成熟度，选择最佳的采摘时机。

判断葡萄采摘期的传统方法，过程非常烦琐，分析操作复杂。目前国际大型葡萄种植园都采用便携式近红外光谱仪直接测量葡萄藤上的果实，不仅可以快速确定其成熟度和采摘期，还可为葡萄酒企业以质论价提供依据。

葡萄酒的质量既取决于酿酒葡萄的品质，也取决于酿造工艺。对发酵过程中各项指标的控制是保证发酵顺利进行的关键，近红外光谱能够测量发酵过程中酒精度、总酸度、总糖和还原糖等指标，以此来控制葡萄酒的发酵过程。

在葡萄酒产品分析方面，近红外光谱能快速检测酒精、总糖、滴定酸和挥发酸等含量，并结合数据库快速鉴别出葡萄酒的品种、产地、陈酿方式（橡木桶陈酿、不锈钢罐陈酿和橡木片或橡木块陈酿等）、年份和真伪。法国一家公司发明了针对葡萄酒的智能检测仪，只需要少量样品，就能给出关于葡萄酒的各种信息，并将其发送到手机上。用户可以在手机 APP 上给正在品尝的葡萄酒贴上标签（比如口感绵长、橡木味、浆果类、含矿物质等），随着使用时间的增加，APP 可以建立口味偏好数据库，帮助用户在市场上挑选到满意的葡萄酒。

葡萄酒近红外光谱智能检测仪

1.3.4 "饮"水思源——果汁真假知多少

> 虽然葡萄酒和牛排天生一对，可惜汉柯爸爸下午还要开车回家，只能另寻替代。女主人给汉柯爸爸斟满了一杯葡萄汁，同样是紫红色一杯，乍看起来倒是和大家喝的葡萄酒并无差别。"自然，是熟悉的味道，是曾经愉快翻滚过的山间小路，是已过去很久却仍会不断念想的青春岁月。自然的灵性就在于没有过多修饰。果汁能够尊重果实天生的味道，浓郁的、清淡的、酸的、甜的、涩的，甚至是苦的，背后都是一整个自然。"

果汁是以水果为原料，经过物理方法如压榨、离心、萃取等得到的汁液产品，一般指纯果汁或 100% 果汁。常见的果汁有苹果汁、葡萄汁、菠萝汁、山楂汁和蓝莓汁等。

汉柯爸爸喝的葡萄汁具有较好的天然风味和较高的营养价值，深受消费者喜爱。糖度、酸度、可溶性固形物是果汁饮料品质检测的主要指标，近红外光谱技术可以快速准确检测这些指标，用于果汁加工过程的质量控制和流通领域的掺假识别等。

近红外光谱技术还可测定果汁饮料中原果汁的含量，以及特色果汁中的独特成分含量，例如日本梅汁中的柠檬酸和苹果酸含量等。近红外光谱技术能够快速检测各类饮料中是否滥用添加剂，以及营养成分是否名副其实，这对于饮料行业以次充好、虚假宣传现象是个有效的打击，能够促进饮料行业内的公平竞争。

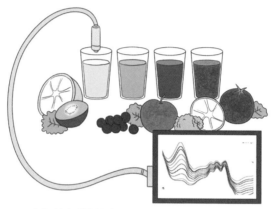

近红外光谱仪快速分析果汁中独特成分的含量

近红外光谱技术在植物蛋白饮料掺假鉴别中也可发挥重要作用。例如，杏仁露、核桃露掺入其他植物蛋白（如添加花生）后，脂肪酸的构成比例会发生变化，通过对脂肪酸的检测分析，建立鉴伪模型，可以快速鉴定检测对象是否掺假、掺假种类及掺假比例等。近红外光谱技术比传统检测方法更为便捷，有助于提高生产企业自控能力并避免自身品牌被假冒伪劣产品侵害，降低企业风险。

1.3.5 "塑"不相识——废旧塑料精准分拣

塑料是 20 世纪的一项伟大发明，自诞生以来，其应用领域不断扩宽，品种也不断增加，人们日常中，随处可见塑料的身影。桌面的矿泉水瓶、购物的手提袋、手边的中性笔……如果没有了塑料，人类生活会变成什么样，我们甚至无法想象。但同时，塑料的不可分解性也使人们焦头烂额，被人们冠以 20 世纪最糟糕的发明之一："遭人遗弃已空空，难与身边水土融。暑往寒来无所寄，唯将薄陋乱跟风。"废弃塑料的无害化与资源化回收利用已势在必行。

午饭结束，汉柯一家人帮着主人收拾餐桌，他们将用过的一次性塑料可回收用品专门分类储存，送往小区垃圾回收站。在这家中型回收站，有一台装有在线近红外光谱仪的废塑料种类鉴别装置，可以把一些常见的塑料（如 PE、PP、PVC、PS、ABS、PET、PC、PA、PU 等）进行分类，废塑料的无害化与资源化回收处理既可以减轻环境压力也可以创造经济价值。

塑料是人类最为重要的发明之一，它的出现为人们带来了诸多便利，已成为现代生活中不可或缺的一部分。塑料的需求量非常惊人。在过去的 70 年中，全球合成的石油基塑料产量急剧增加，从 1950 年的不到 200 万吨增加到 2015 年的 3.8 亿吨，预计未来 20 年内产量将再次翻番。然而围绕着塑料的争议也从未停止，40% 的塑料都是使用寿命极短的一次性用品，而且绝大多数塑料难以降解，回收成本也过高，只有不到 10% 的塑料被回收循环使用，如此累积，越来越多的塑料垃圾给环境生态带来了极大压力。

不同种类的塑料性质千差万别，混合废塑料很难回收再利用，因此对废塑料进行分类是进行回收再利用的前提。目前，国内外已基于近红外光谱技术研制出较为成熟的成套废塑料筛选装置，可以把一些常见的塑料（如 PE、PP、PVC、PS、ABS、PET、PC、PA、PU 等）进行分类，能在高达每秒 2.5 米的分类速度下，实现超过 99% 的分选精度，检测量高达每小时 4000 千克以上。如今，近红外光谱分选逐渐成为塑料分选的主流技术，在市政垃圾处理、废旧家电、汽车拆解等项目中获得了良好的效果。

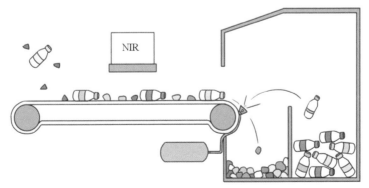

在线近红外光谱废塑料分选设备

废塑料的无害化与资源化回收处理既可以减轻环境压力，也可以创造经济价值。实际上，早在 2008 年奥运期间，我国第一条基于近红外光谱技术的垃圾精分选线就投入使用，用于处理奥运中心和各个奥运场馆的垃圾。它能对有利用价值的塑料袋、塑料瓶等物料进行超细化分选回收，分拣出来的物品纯度达到 90%以上。从垃圾进入处理线到最终完成分选，只需要 5 分钟，其处理能力相当于 80个环卫工人，使奥运垃圾的资源化率大大提高。

1.3.6 集"饲"广益——饲料加工品质与效益的平衡

> 　　这家主人经营着一家颇具规模的饲料企业，午饭后，主人带领汉柯一家参观了这家现代化的饲料加工厂。新奇的机器和现代化智能自控系统使汉柯大开眼界。"民以食为天，畜以料为先。"饲料业是畜牧业的基础，没有饲料业就没有畜牧业，没有畜牧业就没有了人类文明。随着我国养殖业的发展和进步，使用经济价值较高的饲料产品代替原料粮饲养动物逐渐会成为主流，且小农散养的格局也在逐步变化，规模化、机械化养殖的结构占比明显上升，这些变化都将有力地带动饲料工业的发展，而科技为这一蜕变插上了腾飞的翅膀。

　　一进厂门是一辆辆前来送饲料原料的运输车，有豆粕、玉米、麦麸、酒糟、鱼粉、肉骨粉、菜粕和棉粕等；除了固体原料，还有油脂、液体氨基酸、糖蜜等液体原料。原料运输车开到地磅处，自动扦样器启动开始取样，样品顺着管道进入室内的样品桶内。在品质分析室，汉柯看到分析人员采用近红外光谱仪对饲料原料进行快速检测，分析指标除了包括水分、粗蛋白质、粗脂肪、粗纤维、氨基酸等成分的含量外，还对原料进行了光谱学上的判断，鉴别原料是否掺假。这些数据通过无线网络上传至中心控制室，进入饲料企业的品控管理软件，一方面作为按质论价的依据，另一方面收购的原料按照不同的品质进行分类仓储，便于生产配方的制订和原料调度的执行。

　　随着参观的深入，进入生产环节，技术人员正在根据上传的原料分析数据，制订饲料生产的初始配方。在饲料生产线上，在线近红外光谱设备作为大管家，夜以继日地连续工作，掌管着多个探头，有条不紊地开展着各自的工作。首先，对饲料原料水分含量、粗蛋白质含量、有效能（消化能和代谢能）等关键指标进行实时监测，并反馈到饲料配方体系中实现自动化微调、优化，从而对饲料原料物尽其用，并实现饲料配方的精准配制。最后，在饲料成品区，也发现了在线近红外探头的身影，它在源源不断地采集着成品饲料的光谱，并实时输出成品指标参数，从而保障产品质量的长期稳定。在线近红外技术从饲料原料和成品饲料两个层面，保证企业获取可观的经济效益。

"智能"的近红外光谱技术为饲料企业带来的好处是显而易见的。2005 年左右，加拿大相关机构采集了 250 多个动物商品饲料，并进行粗蛋白质含量的测定，结果发现成品饲料的粗蛋白质实际含量比商品标签上标注的含量平均高出3%，且不同批次产品的质量存在一定的差异，这都是未采用快速检测的技术手段对饲料配方配制和生产过程进行实时监控所导致的。由于对饲料原料实际的粗蛋白质等养分含量没有准确地把控，生产过程中不得不使用大量的高蛋白、高价原料，以确保满足饲料品质指标的要求，从而导致了饲料原料的浪费。意识到这个问题后，企业引入了近红外光谱检测技术，从而实现了将饲料中粗蛋白质含量的偏差量控制在 0.5% 以内。对于一个日加工 200 吨的饲料厂而言，采用近红外光谱技术监控饲料原料和配方配制过程后，每年可增加约 5 万美元的经济效益。

近红外光谱快速检测技术可帮助企业管理人员及时了解品控现状，提高品控水平，规避品控风险。对于一个年产 10 万吨的饲料企业而言，与传统的湿化学检测方法相比，仅化学分析费用，采用近红外光谱分析技术便可节省约 40 万元的成本。同时，降低了危险化学试剂的消耗和环境污染风险，改善了饲料厂分析人员的工作环境。

在饲料生产中心控制室，配有现代化的配料控制系统和生产全流程监控系统。从原料采购与储存、配方制定与执行、生产过程关键品质控制到成品质量检测与入库，每个生产环节都需进行实时监督，确保最终产品的质量在每个环节都得到精准控制，从而稳定产品质量，加快成品出厂周期，降低不合格产品比例等，为企业带来非常可观的经济效益。例如，在线近红外光谱仪分别用于三条原料生产线和一条成品生产线的在线监测，探头检测信号通过光纤远程连接至仪器，在线近红外工作站通过 OPC 协议和现场 DCS 系统连接，以实现系统间的数据传输及生产控制。

成品猪饲料监测点

原料监测点1
豆粕、玉米、高粱

原料监测点2
DDGS、大麦、大豆

原料监测点3
小麦粉、米糠、鱼粉、发酵豆粕

用于饲料企业生产品控监测的在线近红外光谱探头

　　近年来，随着我国饲料工业的发展，近红外光谱技术也逐渐被用来进行饲料原料中畜禽有效能和可消化氨基酸含量的测定。传统方法测定饲料原料有效养分需进行动物饲喂试验，其不仅耗时长、成本高、容易造成环境污染，而且需要高标准的试验设施和动物试验条件，使得饲料厂无法通过这些方法快速获取日常所需数据。因此，饲料生产和畜禽养殖企业在制订配方时不得不采用行业参考书或相关标准中所给出的推荐值，然而，这些数据仅仅给出了有效养分的平均含量，而没有体现出不同来源原料在营养品质上的差异，应用平均值配制日粮无疑会降低饲料成品品质或造成饲料原料的浪费，进而影响饲料的精准配制。据推算，以玉米为例，在饲料配制过程中由于消化能参考数据的使用不当，其造成的误差常常高达 50 ～ 100 卡 / 千克（1 卡 =4.1868 焦），造成了极大的浪费。

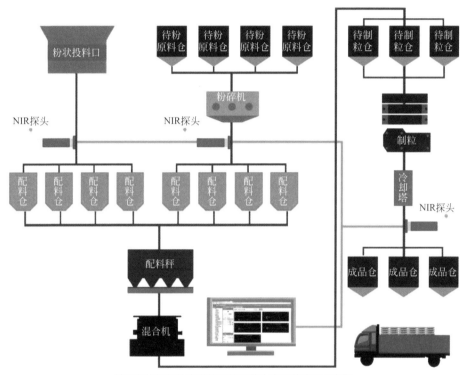

基于在线近红外光谱的品控系统生产工艺流程示意图

利用近红外光谱技术快速评估饲料原料的有效能和可消化氨基酸含量，可以在很大程度上推动饲料配方的精准配制和畜禽的科学饲养。如果这项技术能在我国实现真正意义上的推广与应用，保守估计能够使我国饲料原料利用率提高 2%，每年节约 240 万吨玉米和 80 万吨豆粕，同时减少饲料加工和养殖业对环境所造成的污染。

此外，近红外光谱与显微镜联用技术和近红外高光谱成像技术的发展，为饲料中违禁添加物的识别提供了新的技术手段。例如，精料补充料中肉骨粉的识别、蛋白饲料原料中的非蛋白氮掺假鉴别，以及饲料原料以保真为目的的违禁添加物的非目标检测等。

1.3.7 不食"烟"火——烟草"大数据"平台

饲料加工厂有很多易燃原料，而许多工人都是烟民。因此，汉柯爸爸的朋友作为企业主十分看重防火规范。厂房随处可见严禁烟火的红色标语，"吸烟有害健康"的宣传报也在大门口最显眼的位置。安全生产是工厂的生命线，也是家庭的幸福保障。"红火轻燃恩怨事，青烟散尽指尖名。"香烟富含尼古丁，可以短时间内给人消遣，但烟雾缭绕中，吸烟者和身边人的身体健康也受到了损害。亲爱的读者们一定要牢记：吸烟有害，珍惜健康！

吸烟有害健康，请远离烟草

烟草原产于南美，作为药物和祭祀用品，在当地土著的生活中扮演着重要的角色。大航海时代，随着欧洲航海家的脚步踏上美洲大陆，旧大陆的人首次接触到烟草这种神秘的植物。

烟草一开始多以药物和提神品的身份出现，然而随着人们对它研究的深入，对烟草的成瘾性和其对人体的危害有了进一步的了解，吸烟有害健康已成为社会共识。但我国烟民超过 3 亿，在云、贵、川等省，烟草是主要的地方财政来源，广大农民也依靠种植烟草为生，因此，猛然全面禁烟必将会造成社会的不稳定。为了尽可能降低烟草的危害，我国烟草企业在产品的减害降焦等方面做了较大努力，其中近红外光谱技术功不可没，在烟叶生产、收购、加工以及售后环节均得到了广泛应用。

烟草作为天然生长的植物，其化学成分因品种、产地、年份、部位等因素而不同。我国气候南北差异较大，雨水、日照、温度各有不同，同一株烟叶的上中下部位，因为化学成分不同，成品的烟雾风味也有明显不同。我国传统烤烟基本划分成三个香型：清香型烤烟，余味干净微有甜味，香气飘逸，以云南烟叶为著名；浓香型烟叶，香气浓馥沉溢，具有焦甜香韵，香气传感速度较慢，以河南、湖南优质烤烟为典型；中间香型烟叶，香气纯正丰富，具有正甜香韵，以湖北以及贵州部分地区为代表。

近红外光谱技术已应用于烟草的种植和收购等方面，可以指导烟农的科学种植，更好地为烟草工业提供优质的原料。在烟草原料采购过程中，近红外光谱技术可对烟叶的主要化学成分指标（总糖、还原糖、总氮、烟碱、钾、氯等）和成熟度进行现场测试，为烟叶的采购提供可靠的依据。烟叶成熟度影响着烟叶质量，是烟叶质量评价的一个重要因素，也是进行分级的首要指标。传统的目测方法评价烟叶成熟度过于笼统和抽象，存在外观描述的含糊性、经验性和主观性问题，在实际操作中较难掌握。化学分析等方法则会对烟叶造成一定的损伤，且操作复杂、成本偏高、缺乏实时性。采用近红外光谱技术，可以排除质量不合格的烟叶，依据收购烟叶的化学成分，实现按等级入库储存，建立烟叶质量数据库，为烟叶加工调拨提供依据。

便携式近红外光谱仪现场快速分析烟叶的品质

卷烟的生产大致要经过烟叶初烤、打叶复烤、烟叶发酵、卷烟配方、卷烟制丝、烟支制卷、卷烟包装等流程，可谓千锤百炼。一支小小的中式卷烟，质量大约只有1克，但是烟丝与烟气中却包含至少5000种化学物质，十分复杂。无数烟草工作者尝试建立一种利用化学成分表征烤烟质量的方法，虽然研究已经取得一定进展，但依然无法完全解决品质数字化的问题。

借助近红外光谱技术，我国烟草行业已经成功构建烟草近红外大数据系统平台，可实现对烟草加工及卷烟生产的各个环节的质量监测。我国有些烟草集团在烟叶产地和打叶复烤厂配置了近红外光谱仪，构建了烟叶主要化学成分速测网络，每年对上万份初烤烟叶样品的主要化学成分进行快速检测。将检测结果分析报告反馈相关产地，指出烟叶质量存在的问题并提出相应改进措施，引导产地按照工业需要组织烟叶生产。在打叶复烤环节，借助于近红外光谱分析技术在线检测烟叶的烟碱等关键指标，对烟叶原料适当地掺合搭配，在实行初配方打叶复烤时，保证了复烤烟叶的内在质量均匀一致，从而为卷烟质量的稳定提供保障。

将烟叶进行发酵可使烟叶颜色更加均匀并适当加深，青杂气和刺激性大大减少，香味物质增加。这个发酵过程也被称为烟叶的醇化，烟叶在微生物、生物酶和无机催化剂的作用下产生复杂的化学变化，最终表现为烟叶内部物质的协调和品质的提升。利用近红外光谱技术可以实现对烟叶醇化过程中关键化学成分的变化情况进行监测，从而实现对烟叶醇化的精准把控，为后期成品卷烟生产加工提供优质原料。

在线近红外光谱仪实时监测烟叶的品质

卷烟产品是由不同烟草原料及添加剂组配而成的，由于烟草原料的产地、等级及性质复杂多样，传统的卷烟配方分析工作复杂而烦琐，需要依赖有经验的配方师根据烟叶的自然属性（如产区、部位、等级和年份）和主要化学成分指标（如糖、氮、碱），结合大量的感官评吸数据来进行，耗时费力，且具有较强的主观性。利用烟草近红外大数据系统平台将采集的各种烟草的近红外光谱数据和指标数据集合在一起，可以对烟草全周期的各项指标（如化学成分）进行统计分析，为科学评价烟叶风格质量提供支撑，结合卷烟产品设计和大数据平台进行深度学习可以短时间内获取多个符合经验要求的推荐配方，在此基础上，再经配方师评价、微调、试制，能够显著提高卷烟产品开发和维护的效率。

在卷烟制丝工艺过程中，近红外光谱技术能对掺配、加香、贮丝及喂丝等工序段中烟丝样品的质量均一性进行实时监控，可较全面地反映制丝过程中烟丝质量的波动情况，为烟丝质量稳定性控制提供科学数据支撑。卷制后的成品卷烟需要对烟丝及烟气的常规化学成分进行检测，符合要求后才可放行销售。以近红外光谱技术为基础，通过建立模型、优化算法，能实现对成品卷烟质量指标的有效预测和快速监控，为成品卷烟精细化质量管控开辟新途径。除此之外，近红外光谱技术还被应用于卷烟辅材（例如烟用滤棒增塑剂三乙酸甘油酯和烟用添加剂）品质的快速分析。

基于近红外光谱分析技术，烟草行业产生了海量的近红外光谱数据。然而由于缺乏规范，数据格式不统一、数据质量参差不齐，海量的数据形成了一个个不能互通的数据孤岛。为了数据资源的最大化利用，我国烟草企业构建了近红外光谱数据采集系统，通过网络实现了中心建模、资源共享、智能分析的目标。例如，有些烟草企业结合自身"精造工程"理念，从"人、机、料、法、环、测"六个方面对近红外检测的整个流程进行了梳理、规范，烟草及烟草制品常规六项化学指标的近红外检测法通过了 CNAS 的认可，为数据的溯源、可知、可控提供了宝贵的借鉴。

在卷烟的销售过程中，采用近红外光谱技术可以对卷烟进行真假、伪劣的快速鉴别。通过便携式近红外光谱仪，工作人员可以快速鉴别香烟的品牌，例如区分中华、双喜、牡丹三种牌号的卷烟产品。

无论烟草被如何加工，最终都以烟雾形式进入人体。烟气中到底含有多少有效成分呢？近红外光谱仪可以告诉你。将香烟在吸烟机上点燃，燃烧生成的烟气被玻璃纤维滤纸收集起来，通过近红外光谱仪可以检测附着在滤纸上的固体颗粒，从而得到各种成分的含量。

1.3.8 "消"患未形——灭火剂质量的未雨绸缪

> 　　参观完饲料加工厂，汉柯一家走到了厂房门口，此时厂里的安全员正打开消防
> 箱，一丝不苟地检查着灭火设备的压力、外形和辅助配件。"默立墙边经晚昼，悄防火
> 患历秋春。"消防产品是火灾危难关头真正的"救命稻草"，是保护生命财产最有力的
> 一道"防护线"。打铁还需自身硬，消防产品自身的质量容不得半点的含糊。

　　燧人氏钻木取火，有巢氏建房筑屋，自此人类彻底摆脱了野兽的威胁，然而
火灾成为新的威胁，从此便挥之不去。到了现代社会，虽然钢筋水泥替代了草石
土木，但是警钟长鸣，消防仍然是重中之重。

　　消防产品是公民生命和财产安全的重要保障，然而从近年发生的火灾事故、
消防产品监督检查和火灾隐患排查中发现的问题可以看出，消防产品的质量问题
仍然不容乐观。灭火剂及防火阻燃产品是对抗火灾的定海神针，然而有的企业为
了降低成本，在生产中更改生产工艺、降低原材料等级、减少有效成分、以次充
好，致使假冒伪劣产品流入市场。部分施工、安装单位选购消防产品时，只能对
其具有的认证资质进行核查，对其供应的消防产品的质量无法进行现场判定，这
也给伪劣消防产品进入市场以可乘之机。

　　目前干粉灭火剂、七氟丙烷等灭火剂的有效成分主要通过国家标准中规定的
化学方法来测定，化学方法虽然比较准确，但是测定过程烦琐、操作复杂、用时
较长。防火阻燃材料的技术性能测试主要是通过大型的试验炉进行，然而其试验
周期长、过程复杂、试验成本高，只能用于大型实验室。因此，通过近红外光谱
技术开展灭火剂及阻燃材料的快速检测与一致性评价具有十分重要的价值。

　　干粉灭火剂是由灭火基料、适量润滑剂和少量防潮剂混合后共同研磨制成，
其主要种类包括：BC 类（碳酸氢钠、碳酸氢钾、氯化钾和硫酸钾等）、ABC 类
（以磷酸盐为基料）和 D 类（石墨、氯化钠和碳酸氢钠）。其中最常用的是 ABC
干粉灭火剂，其灭火效能取决于有效成分磷酸盐的含量和晶体结构。我国消防科
研部门已建立了 ABC 干粉灭火剂的近红外光谱数据库，利用便携式光纤漫反射
近红外光谱仪实现了对 ABC 干粉灭火剂有效成分、含水率等指标进行现场、快

速、无损的检测。

我国自行研制的便携式消防产品近红外光谱检测设备

七氟丙烷（HFC227ea）是一种洁净气体灭火剂，具有扑救范围广、效率高、绝缘性好、环境污染轻等众多优点，能有效扑救多类火灾。七氟丙烷常压下为无色无味气体，在一定的压力下呈液态储存，具有良好的热稳定性和化学稳定性。目前，我国依照国家标准测试方法 GB 18614—2012《七氟丙烷（HFC227ea）灭火剂》对七氟丙烷灭火剂的纯度、酸度等技术性能进行检测。检测过程中需要用到气相色谱仪、取样钢瓶等大型的仪器设备，因此无法用于流通使用领域七氟丙烷的现场快速检测。我国相关研究单位基于近红外光谱分析技术提出了快速检测流通领域七氟丙烷灭火剂一致性的新方法，设计并研制了适用于气体灭火剂的耐压取样存储器，用于七氟丙烷灭火剂在液体状态下采集近红外光谱数据。

钢结构防火涂料是一种广泛用于钢结构表面，阻滞火灾迅速蔓延，提高钢结构耐火极限的特种涂料。目前，钢结构防火涂料的技术性能测试按照 GB 14907—2018《钢结构防火涂料》进行，传统的质量检测方法需要经过反复涂覆和自然干燥固化后，在特定试验炉上进行试验，这种方法检测周期长，过程复杂，成本偏高，只有少数专业机构能够实施。我国防火涂料品牌繁多，不乏假冒伪劣产品，采用传统方法很难对众多品牌进行快速鉴别。采用近红外光谱结合聚类分析方法，我国科研人员已实现了对钢结构防火涂料种类和品牌的无损快速鉴别。

参观饲料厂后，与主人道别。伴着红日西落，汉柯一家踏上了归途。再次回到市区，已是夜幕深沉。然而城市并不随着日落月升而沉睡，华灯初上，霓虹璀璨，"缛彩遥分地，繁光远缀天。接汉疑星落，依楼似月悬。"在皎白的月光照耀下，市井传奇和人间风味回荡在整个夜空。

1.4.1 耐人寻"味"——调味品风味的量化"法官"

> 汽车停好，汉柯一家来到附近的美食一条街，打算就近吃顿晚餐。路边烧烤的香味袅袅缭绕，止不住往汉柯鼻子中钻，油盐酱醋仍旧不够，还要挥洒各种香料调味，这是放肆的癖好。百菜百味，或清脆爽口，或酥嫩鲜美。菜品的风味，不仅取决于食材本身，调味品对风味的调节也起着至关重要的作用。

酸甜苦辣咸，五味令人口爽，在满足了营养需求以后，人们对食品风味的要求越来越高。除了食材的本味，调味品对食物风味的调节起着至关重要的作用，随着社会的发展，我们的调味品种类越来越丰富。

调味品的风味与其化学成分直接相关，例如食醋的总酸、挥发酸、还原糖，酱油的总氮、总酸和氨基氮。决定调味品风味的大多数有机化合物都存在含氢官能团，它们正是近红外光谱测定相关成分含量的基础。通过近红外光谱法还可直接预测出调味品的等级优劣，从而避免传统化学分析法的烦琐步骤，并有效避免人工评级时因个人差异带来的误差。

酿造食醋是指单独或混合使用各种含淀粉、糖等碳水化合物，经微生物发酵酿制而成的液体酸味调味品，包括液态发酵和固态发酵两大类。除了作为酸味调味剂，食醋中含有多种对人体健康有益的营养成分，如琥珀酸、氨基酸、钙、铁、维生素等，长期食用不仅可以补充营养物质，还可以预防动脉硬化、软化血管等。

近红外光谱仪快速检测调味品的品质

镇江香醋是固态发酵的典型代表，营养丰富，口感纯正，深受人民喜爱。然而固态发酵生产过程复杂，制醅是其中的关键工艺，在一定程度上决定着香醋的品质。温度、总酸、水分、pH 值和不挥发酸均是制醅过程中的重要指标，工人根据各项指标的变化进行翻醅操作，可使醋醅中的养料和微生物均匀分布，避免局部发酵过快产生板结甚至坏醅。

长期以来，发酵状况依赖工人的望、闻或触摸等方式结合主观经验来判断，缺乏科学依据，这严重影响了香醋的质量稳定性和企业经济效益。采用近红外光谱分析技术，可快速分析醋醅中的总酸、水分、pH 值以及不挥发酸含量，依据它们的变化可判断发酵状况以及翻醅效果，为智能翻醅的实现提供科学的数据和有效的手段。

据统计，在我国约 6000 家食醋制造企业中，品牌企业产量仅占 30%，其他作坊式小企业占 70%。因发酵原料和发酵工艺不同，食醋产品在风味、营养和价格上有较大差异，这也使得我国市售食醋产品质量参差不齐。有些无良厂家会用冰醋酸为原料进行勾兑，冒充酿造醋低价贩卖。这些勾兑醋在外观上和酿造醋基本没有差别，消费者很难从色泽、味道等感官方面进行区别。另一个造假泛滥区是乱标年份，与蒸馏酒一样，酿造醋的品质往往也会随着年份的增加而提升，不良商家为了赚取超额利润，用新醋冒充老陈醋的现象屡见不鲜。各种造假行为不仅严重影响正宗品牌醋的声誉和经济利益，还损害了消费者的权益。因此无论从政府、正规企业还是消费者的角度，都对产品真伪鉴定技术有着迫切的需求。近红外光谱可以对食醋的品质和品牌进行溯源，为维护消费者和合法生产经营者的权益提供有效的技术手段。

酱油是我国人民日常生活中不可缺少的调味品，优质酱油以高蛋白大豆为主要原料，经微生物发酵而成。在酿造过程中，蛋白质分解生成呈鲜物质氨基酸盐，工业上常用氨基酸态氮作为特征指标，这是决定酱油品质的最重要因素。总酸也是反映酱油质量主要指标之一，各种有机酸与相应的醇类可酯化生成具有芳香气味的各种酯，它们赋予了酱油特殊的风味和醇厚的口味。在酱油生产过程及成品质量监控中，近红外光谱可快速同时测定酿造酱油的多种参数（全氮、氨基酸态氮、总酸、食盐、铵盐、无盐固形物、还原糖、色率和红色指数等）。海天味业、李锦记等国内酱油龙头企业都引入了近红外光谱检测技术，取得了很好的应用效果。

近些年来，原本只流行于东南沿海地区的蚝油风靡全国，成为了调味品中的新宠。蚝油味道鲜美，蚝香浓郁，黏稠适度，营养价值高。近红外光谱分析技术可快速分析蚝油中的总酸、氨基酸态氮、氯化钠和固形物的含量，为蚝油品质检测和生产过程质量控制提供了可靠的方法，这也对耗油市场监督管理具有十分重要的意义。

以辣椒酱为代表产品的"老干妈"是中国家喻户晓的调味品，近红外光谱快速分析技术在这类调味品公司的质量控制中被广泛应用。分析对象包括原材料（辣椒、花椒、味精等）、中间产品和最终产品（豆瓣酱、腐乳、辣椒酱、豆豉、辣椒红油等），传统的生产工艺与现代近红外光谱快速检测手段相结合，保证了其产品质量的稳定性。

1.4.2 不可"啤"敌——啤酒生产关键指标控制

汉柯一家选了一家生意红火的大排档，随意点了几道小菜，当然也少不了夜宵的主角——啤酒。吃上几粒花生、几串烤肉，再配上一杯冰啤酒下肚，微涩的口感与酒的麦香交织，冰爽的感觉让紧绷的神经得到了完全的放松。

啤酒是当今世界上产量最多、分布最广的含酒精饮料。除了酒精之外，啤酒还含有多种氨基酸、维生素、低分子糖、无机盐和各种酶，这些营养成分易于被人体吸收利用，因此啤酒也享有"液体面包"的美誉。

啤酒的度数不是指酒精含量，常说的12度啤酒，是指原麦汁浓度，即100克麦汁中的含糖量20克，它的酒精含量一般为3.5%左右。啤酒是以麦芽、水为主要原料，加啤酒花（包括酒花制品），经酵母发酵酿制而成的，含有二氧化碳的、起泡的、低酒精度的发酵酒。啤酒的生产工艺流程主要包括制麦、糖化、发酵、包装等环节。

啤酒以麦芽、酒花和水为主要原料，经酵母发酵酿制而成。酒花又叫啤酒花，它为啤酒提供爽口的苦味和独特的花香味，这也是啤酒区别于其他酒类的主要特征。酒花的品质影响着啤酒的质量，其中最具酿造价值的组分是酒花树脂、酒花油和多酚物质，正是酒花树脂中的 α-酸、β-酸及其一系列氧化聚合产物赋予了啤酒愉快的苦味。酒花的新鲜度决定了酒花的质量，酒花的储藏指数是酒花新鲜度判别常用的方法。利用近红外光谱分析可以判断酒花的种类，并快速分析酒花中的水分、α-酸、β-酸、储藏指数等指标，为酒花原料的高效采购与使用提供保障。

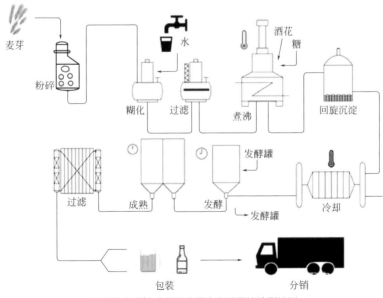

近红外光谱技术用于啤酒生产过程的检测控制

如果说酒花为啤酒赋予了灵魂，那么大麦芽就为啤酒赋予了躯体。大麦是啤酒酿造的原料，除了淀粉以外，其中的蛋白质含量和水分含量也至关重要。酿酒用大麦的蛋白质含量并不是越高越好，其含量在 10.0% ~ 12.5% 为最佳，水分含量低于 12.0% 为最佳。传统的大麦蛋白质的测定采用凯氏定氮法，水分测定通常采用烘箱干燥法。在进货验收过程中，这些传统的检测方法因操作烦琐、耗时长等，无法满足对大量样品及时检测的要求。近红外光谱法能够替代传统方法，快速、准确、大批量测定大麦中蛋白质、水分等成分的含量，解决了大麦进货验收、储存和生产控制的瓶颈问题，实现了大麦快速入库监控和分级码垛管理，显著提高了分析效率、降低了分析成本，减少了环境污染。

大麦经浸麦、发芽、烘干、焙焦制成酿造用麦芽。不同生产批次的麦芽质量往往存在着差异，麦芽的水分、可溶性氮、总氮以及库值是衡量麦芽品质的重要指标，也是啤酒生产工艺调整的重要依据。近红外光谱能够快速分析麦芽中的水分、总氮、可溶性氮、库值等指标，为啤酒酿造投料和工艺参数的调整提供数据支持。

此外，在测定啤酒真浓、酒精度、酸度和糖度等指标，啤酒糟水分、蛋白质、脂肪和粗纤维等指标，啤酒辅料大米的水分、脂肪酸值，以及检测啤酒生产过程的半成品也都需要近红外光谱这一"绿色环保"分析技术，用于工艺过程的优化控制，保证产品质量的稳定。

1.4.3　明"白"了当——白酒酿制的数字化

> 汉柯爸爸因为开车，中午没能喝上一杯，一瓶啤酒下肚仍有些不过瘾，便要了一杯浓香的白酒。普通的口粮酒比不得应酬时桌上的名酒，但是没有觥筹交错的压力，随心小酌，别有一番风味。从远古以来，诗与酒便结下了不解之缘，形成了独具特色的中国诗酒文化。有白居易"绿蚁新醅酒，红泥小火炉。晚来天欲雪，能饮一杯无？"；也有诗仙李白"金樽清酒斗十千，玉盘珍羞直万钱"。白酒、火苗、烧烤……汉柯一家人吃得酣畅淋漓。

人类早期的酒类都是自然发酵的酿造酒，由于过高的酒精浓度会抑制酵母菌的活性，酿造酒的酒精浓度通常较低，一般为十几度左右。在酿造酒的基础上，用特定的蒸馏器将酒液加热蒸馏，收集蒸出的酒气并经过冷却后便可得到高浓度的蒸馏酒。通常所说的世界六大蒸馏酒，白酒占据一席，是我国特有的酒类。

白酒工业的酿造原料主要包括小麦、玉米、大米、高粱和糯米等粮食，有的白酒采用上述原料中的一种，有的则采用其中的几种粮食（如"五粮液"）。粮食原料中最主要的成分是其中的淀粉，原料经过粉碎、蒸煮、加入"曲"后混合成为酒醅，酒醅入窖后进行发酵。发酵过程中淀粉逐步转化为乙醇，在主要反应之外，还会有很多副反应，产生如酯类、酸类等副产物。发酵结束后，酒醅经过蒸馏得到白酒基酒，不同等级的基酒经过储存陈化后进行勾兑得到成品酒。

高粱、小麦、大米、玉米、糯米等酿酒原料的优劣决定了白酒的质量，而近红外光谱分析技术可以直接准确测定酿酒原料中总淀粉、脂肪、蛋白质、水分和直链淀粉含量。其中总淀粉含量高即酿酒的有效成分含量高，代表原料品质好；水分含量关系到原料干物质的多少，同时，如果原料水分含量太高，储存过程会发生霉变造成损失；一般情况下，发酵原料的脂肪含量不能太高，否则会对发酵产生抑制作用。同时，近红外光谱分析技术还可以对不同产地、不同来源的原料品种进行筛选鉴别，以保证酒企酿酒所用的原料来源的统一性和真实性。

我国某种高品质浓香型白酒，必须由当地特有的糯高粱作为原料进行酿造。因糯高粱和粳高粱之间的收购价格差异，某些粮农在当地糯高粱中掺杂部分粳高粱，以次充好，这不仅增加了酒厂的原料成本，也对酒的质量控制和品牌风格造成了严重影响。糯高粱淀粉以支链淀粉为主，而粳高粱直链淀粉含量高，根据这个特点，酒企采用近红外光谱技术在收购环节可快速判别糯高粱中是否掺入粳高粱，很大程度地节省了人力物力。

中国白酒酿造是自然发酵的过程，传统生产对发酵过程的控制主要依赖工人的经验（如看糟醅发酵情况、感受发酵温度、闻发酵糟醅的香气等），缺乏数据支撑，不能进行科学的调控。随着科学技术的进步，酿造过程的控制增加了发酵温度、酸度、还原糖、水分、淀粉等理化指标和发酵微生物的检测结果等依据，但新指标的加入依然无法让酒企对发酵过程进行实时掌握。近年来，近红外光谱分析技术被越来越多地用于实时监控糟醅发酵过程，成功地让传统酿造企业的生产模式实现巨大的跨越。

酒醅是酿酒发酵的主体，成分非常复杂，包括原料、稻糠填充物和酒曲。酒醅按照工艺要求分为入窖酒醅和出窖酒醅，原料、稻糠和酒曲混合均匀后准备入窖发酵的酒醅为入窖酒醅，入窖酒醅经过长时间发酵后出窖还未蒸馏酒的酒醅为出窖酒醅，出窖酒醅重新加入新的原料和大曲混合均匀可以再次入窖发酵。我国古井贡、茅台、沱牌、五粮液、剑南春、水井坊、洋河、河套等知名大型白酒企业均采用近红外光谱方法对酒醅进行检测，主要指标有总淀粉、残糖、水分和酸度。利用近红外光谱技术，不到 1 分钟的快速分析就能保证企业对各个窖池的全面检测。基于窖池全面检测数据，酒企就能够选择最佳发酵条件，调节生产工艺，在保障产品品质的同时，提高产量并降低能耗。

发酵后的酒醅经过蒸馏后得到基酒，在基酒蒸馏阶段，"看花摘酒"是白酒蒸馏过程中掌握酒精度高低的传统技艺，一直沿用至今。"看花"即通过观察酒花大小、酒花滞留长短来得知馏出液的酒精度高低。"摘酒"是指在流酒时，蒸馏温度不断升高，流酒时间逐渐增长，酒精浓度由高逐渐降低，在这个过程中把中、高度酒与低度酒分离。传统的"看花摘酒"方法生产周期长，效率低，对摘酒工的经验依赖性较强。在"看花摘酒"阶段，近红外光谱分析技术可以快速测定出基酒的酒精度、总酸、总酯以及四大酯类的含量，把人工品评师的感官经验数字量化，合理科学地对基酒进行分级和储存。

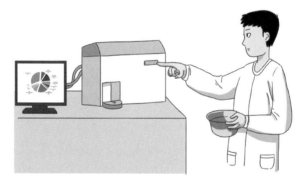

酒企传统的"看花摘酒"需要近红外光谱快速分析仪来量化指标

基酒经过储存陈化处理后进行勾兑得到成品酒，不同等级的基酒勾兑后得到不同牌号成品酒，不同等级的基酒和不同牌号的成品酒除酒精度不同之外，影响口味的其他成分如总酯、总酸、己酸乙酯、乳酸乙酯、乙酸乙酯、异丁醇、异戊醇、正丙醇、仲丁醇、乙缩醛、乙醛、杂醇油等的含量也都不同。基酒中的一些成分容易对饮酒者造成"不适"，勾兑时会对这些成分含量进行控制，有一些基酒可能需要二次蒸馏，以去除对消费者产生"不适"的成分。近红外光谱技术除了检测基酒和成品酒中含量高的酒精度、总酸、总酯等，还可检测其他含量比较低的成分，如己酸乙酯、乳酸乙酯、乙酸乙酯、异丁醇等。

从组成上看，白酒的主要成分是乙醇和水，占总量的 98%~99%，其他成分如酸、醇、酯物质的总量仅有 2% 左右，但这些微量成分却能决定白酒风味，所以又被称为呈香成分。每个品牌的白酒都有独特的呈香成分比例，是保持该品牌质量稳定以及区别于其他品牌的关键，直接影响消费者对品牌的选择。近红外光谱技术可以对不同产地、不同品牌、不同香型（浓香型、酱香型和清香型等）的白酒进行鉴别分析，还可以测定成品酒的年份，保障消费者的权益。

1.4.4　"蚕"差不一 ——活体蚕蛹的雌雄分选

喝白酒离不开一碟下酒小菜，汉柯爸爸见老板给旁边桌客人上了一盘炸蚕蛹，立马勾起了肚里的馋虫。蚕蛹不常有，所以菜单上并没有，只有熟客老饕知道。陆游诗云："人生如春蚕，作茧自缠裹。一朝眉羽成，钻破亦在我。"人生只有经历了作茧自缚的痛楚与洗礼，才会有破茧羽化成蝶的美丽和升华。汉柯爸爸生于江南，三月浴蚕，六月练丝，收获蚕茧的季节也是一饱口福、享用炸蚕蛹的季节。许久没吃过炸蚕蛹，汉柯爸爸便也向老板点了一盘。

相传黄帝的妻子嫘祖发明了养蚕缫丝，史称嫘祖始蚕，看似平平无奇的小虫子，却在华夏历史中扮演了重要的角色。蚕丝让华夏先民披上了华丽的衣裳，连接了横跨欧亚大陆的古丝绸之路，曾为世界经济发展和文化繁荣做出过巨大贡献。时至今日，"一带一路"的倡议，仍然带着桑蚕的烙印。

优质蚕种是桑蚕行业发展的基础。不同血缘的桑蚕一代亲本杂交种具有杂交优势，其蚕丝质量好、产量高。现代桑蚕生产从制种开始，蚕蛹雌雄分选是生产中的重要环节。传统的蚕蛹雌雄分选依靠视觉逐粒鉴蛹，这种方法速度慢、成本高，而且用工量大，劳动工作强度大。目前企业用工需求与劳动力紧缺已成为非常突出的矛盾，落后的生产模式成为制约行业规模化发展的瓶颈。

我国研制出了一种高速自动分选活体雌雄蚕蛹的设备，并得到批量应用。该设备利用近红外光谱判别蚕蛹雌雄，识别后利用吹气装置分别将不同性别的蚕蛹吹至不同的收集装置中，达到分类的目的。该分拣设备的速度可以达到每秒 10 枚以上，每天可以分选数千公斤蚕蛹样品，正确率可达 98%，使传统的劳动密集型桑蚕制种行业走向智能化，显著解放了劳动生产力。

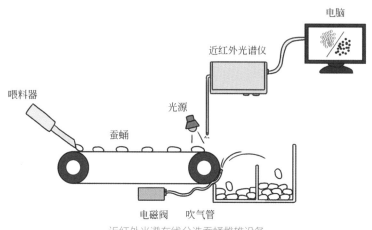

近红外光谱在线分选蚕蛹雌雄设备

1.4.5 鱼"米"之乡——给大米食味值评分

主食上来了，是汉柯最爱的扬州炒饭。老板上菜时特地夸耀自家炒饭用的大米是上好的东北大米，炒制完成后，颗粒分明、粒粒松散、软硬有度。汉柯尝了一口，果然香糯可口、富有弹性。大米在稻田里的收割还算不上真正意义的成熟，因为它距离煮熟且能入口还有一段较为复杂的过程。就如同人一样，成年并不意味着真正意义上的长大，只有历经磨砺，才能真正成熟。煮制一锅米饭，就像培养一批人才一样，用心、细心才能真正培育成材。

早在新石器时代，我国的先民就从当地的野草中挑选出有潜力的品种，驯化成了水稻。如今水稻的种植分布广泛，是世界上最主要的粮食作物之一，其总产量占世界谷物产量的 1/3 左右，在我国大约有 75% 的人口把大米作为主食。

随着世界人口的不断增加和全球经济的快速发展，全世界对大米的需求也不断增加，而全球大米贸易的规模也将随之扩大。加强大米的品质检测，对于改良水稻品种、提高大米品质、促进大米的国际贸易都具有十分重要的意义。

近红外光谱技术不仅能够快速分析大米的水分、蛋白质、直链淀粉、脂肪酸等成分，而且能快速精准评定大米的食味值，即对米饭的外观、气味、口感及综合感官指标进行打分，为大米在流通环节中的"按质定价"提供了科学数据支撑。

稻米的品质包括外观品质、加工品质、蒸煮品质、营养品质和食味品质等，其中蒸煮品质通常由直链淀粉含量、胶稠度及糊化温度等指标来评价。采用近红外光谱能快速预测稻米的胶稠度，可为稻米的育种和蒸煮品质评价及时提供分析数据。胶稠度是稻米淀粉的一种胶体特性，指稻米淀粉经糊化、冷却后米糊胶延展的长度，表示淀粉糊化和冷却的回生趋势。它是影响优质稻蒸煮品质、米饭软硬、口感的重要因素，评价优质稻米的重要指标之一。一般来说，稻米的胶稠度越大，则米饭越柔软，品质越好。胶稠度大的米饭，口感湿润软滑，冷却不回生，可增加食欲；胶稠度小的米饭，口感粗糙，难于下咽。

汉柯吃的大米是有地理标志的名优大米，这可通过近红外光谱进行快速鉴别。近红外光谱能对具有地理标志大米的产地溯源，可更好地维护地方品牌效益。此外，近红外光谱还可对大米的储藏期进行快速判别。

东北大米

近红外光谱仪快速检测大米的产地和品质

1.4.6 扶"药"直上——药品快检"寻伪驱劣"

吃完饭回到家，汉柯感到身体有些不适，可能是贪凉一路上都开着车窗吹风着凉的缘故。汉柯妈妈到附近的药店去给汉柯买药，远远看见药店门口停着一辆药品检测车。"多病所须唯药物，微躯此外更何求。"药品是特殊商品，它与人的生命、健康息息相关，是人们病痛时的救星。我们都知道药品能够解除病痛、挽救生命，但殊不知，假药、伪药、不合理用药也会带来新的疾病，甚至危及生命安全。

医药是一个特殊的行业，它与人民群众的生命安全息息相关。生命可贵，也因此医药领域有着广阔的利润空间，只要有赚取暴利的可能，就有人敢于践踏人间的一切法律，药品质量安全问题就不会消失。《柳叶刀》期刊在 2012 年发表的传染病的调查发现，东南亚和撒哈拉以南非洲地区测试的 3700 种药物样本中有35% 是假冒伪劣产品。

检测假药最简单的方法是比色法，但它只能检测某种成分是否存在而不能检测其浓度，因此含有一定活性成分的假药较难被发现。这给了假药制造商一个钻法律空子的机会，他们总是会在假药中掺入一小部分活性成分，这样便可以骗过比色检测法。

庆幸的是，以近红外光谱技术为代表的现代科技提供了可靠有效的药品鉴定手段，让不法商贩望而生畏，使假冒伪劣商品无所遁形。药品检测车是对常见药真伪进行快速鉴别的利器，车内的核心设备就是近红外光谱仪。从 2004 年开始，中国食品药品检定研究院就开始着手建立近红外光谱药品快速检测系统，经过十多年的应用与积累，该系统已逐渐发展成为可直接分析粉针剂、片剂、胶囊剂和颗粒剂 / 干混悬剂等常规剂型，集常规检查、针对性抽验、实时追踪和应急检验的综合体系。目前该检测系统已经装配在全国 400 多辆流动药品检测车上，用于广大基层地区药品的现场快速筛查，并在 2008 年四川汶川地震、2010 年广州亚运会等多个国内重大事件的现场发挥了积极的作用，第一时间保证了用药安全。

我国自行研制的基于近红外光谱技术的药品检测车（外观）

我国自行研制的基于近红外光谱技术的药品检测车（内景）

2019 年，我国某市食品药品检验所利用近红外光谱技术协助执法部门查处了一起现代高水平造假"乐沙定"药品案件。乐沙定（注射用奥沙利铂）是一款用于治疗转移性结直肠癌的铂类抗癌药物，每瓶售价在 3000 元左右，因其售价高、疗效好，成为了不法分子的制假目标。市药品监督管理局与公安机关在一次联合执法中，查获了一定数量的"乐沙定"问题产品，其外包装标识、颜色、说明书和生产批号打码方式与正品几乎一致，肉眼观察难以分辨真伪。经过法定标准检验，该批问题产品也可判为合格。但是，近红外光谱技术却发现该批问题产品与正品的辅料成分在近红外敏感谱区差异明显，表明辅料很可能发生了改变。随后，检验人员借助这条线索又对这批问题产品开展了进一步的检测，最终查明其所用的辅料是甘露醇，而非正品所用的乳糖。随着药品近红外光谱模型数据库的日趋完善，我国药品监管部门已将近红外光谱快检技术与日常检查、常态稽查和监督抽样等工作相结合，为靶向监管、公众用药安全提供了有效的技术支撑。

除了用药安全领域，近红外光谱药物分析技术还贯穿于药物发现、临床前研究、临床研究、生产、销售和市场应用的全部环节。1992 年，美国食品药品监督管理局（FDA）批准一家制药公司使用近红外方法代替水分测定法分析氨苄西林三水合物，这可能是首个被政府部门批准的用于分析人类用药的案例。随后，该技术便一步步深入到药物分析的方方面面。

近红外光谱技术在医药领域可以应用于原辅料的鉴别，其优点在于可透过玻璃或高分子包装物直接对原材料进行分析，可实现同一批次原料每一个独立包装的快速分析。同时近红外方法还可以实现对不同来源和等级的原料进行区分，帮助药品生产企业根据原料的质量调整生产工艺，从而生产出质量稳定的产品。

近红外光谱仪快速鉴别原辅料类别

　　近红外光谱技术还是药品生产过程控制的常用手段之一，可被用于原料药生产时检测合成反应进度、结晶和再结晶过程、母液中有效药物成分（API）的浓度。将近红外光谱仪安装到混合罐顶部，随混合罐一起转动，可以在线监测药物制剂各种成分之间混合的均匀性，及时判断混合均匀的终点，从而更加高效、准确地保证产品含量的一致性。

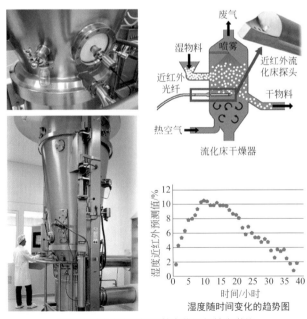

用于监测流化床干燥器的在线近红外光谱仪

在线监测药品生产干燥过程，判断干燥终点也是近红外最成熟和经典的应用。流化床设备广泛地应用于制药行业中的湿法制粒，制剂形成颗粒后，必须将产品干燥至适当的湿度水平。颗粒过度干燥，流化床的运动会导致颗粒破裂，如果颗粒含有过多的残留水分，产品将不能正常流动而形成结块，还可能影响存储期间产品的稳定性。传统方法通常会在加工过程中由取样器从流化床中取出样品，并在实验室中通过离线方法分析水分含量。这种延迟使操作人员无法及时获得加工过程中最佳的干燥终点，因此终点的确定通常基于时间或产品温度而非水分含量。使用近红外光谱技术能在线监测流化床干燥过程中颗粒的水分含量，可对干燥过程更好地控制，这不仅提高了产品的质量，还可减少干燥循环时间，提高产率，带来可观的经济效益。

近红外光谱技术还可以用于片剂包衣过程的在线监测。片剂包衣的重量和均匀度直接影响其产品质量的好坏，目前片剂包衣的质量检测主要靠感官法和测量法（如称重法、显微镜法、X射线法等），也有通过包衣液的使用量来估算。这些方法或是凭借经验，或是耗时耗力，难以用于在线检测，而近红外光谱技术为该过程的实时在线监测提供了很好的解决方案。

此外，近红外光谱技术还可用于成品药片的分析，对药物活性成分含量的一致性实现逐片检测，以用于企业内部最终产品的放行检验。

安装在药物粉末混合搅拌机上的近红外光谱分析仪

为了规范近红外光谱在制药行业的应用，各国政府的药品管理部门和制药工业协会也制定了很多相关的标准和指导原则。目前美国药典、欧洲药典和中国药典都收录了近红外光谱分析方法，欧洲药品管理局（EMA）发布了《制药工业近红外光谱技术应用、申报和变更资料要求指南》，美国食品药品监督管理局（FDA）发布了《工业界开发和申报近红外分析方法指导原则草案》。随着制药行业科技水平的提高，"质量源于设计"的理念不断深入，可以预见在不久的将来近红外光谱技术在制药领域将迎来更加广泛和深入的应用。

1.4.7　多见广"识"——医学健康中的"无创助手"

> 汉柯吃了药后，感觉好了很多。汉柯妈妈拿出家里的红外测温枪测了一下，体温也已经正常，不用去医院看大夫了。医学发展源远流长，几千年的发展历程中，每一阶段都有不同的历史使命、时代特点和意义。传统的医学主要关注救死扶伤和防病治病，以疾病诊疗为中心。而今天大健康的理念要求医学的重点从"疾病"转变为"健康"，重在维护和促进健康，延长寿命并提高人类生命质量。医学一直紧跟科学的发展脚步，科技创新和学科交叉共同促进现代医学的进步。

近红外光谱在生物医学上的应用可以追溯到 1977 年，科学家发现生物组织对近红外波段光（700 ～ 900 纳米）有低吸收、高散射的特性，而且此波段的近红外光可以穿透生物组织几厘米的厚度，可对深层组织进行探测，从而开创了生物组织的近红外光学检测新方法。

近红外光谱技术可以实现生物的在体非介入检测，这使得它成为临床医学上极具发展潜力的分析和研究手段。这一领域已有大量的研究工作，主要集中在组织氧和血糖的测定。氧代谢是人体最重要的生理机制，任何人体机能的运行都需要氧的参与，任何组织器官在氧代谢方面的问题都会产生相应的临床症状或病变。葡萄糖是人体的重要组成成分，也是能量的重要来源，为各种组织、脏器的正常运作提供动力。

在组织氧检测方面，我国已研制出了多种近红外组织氧无损监测仪，其应用领域包括新生儿脑损伤、脑血流和脑发育的研究，体外循环手术过程中脑氧监测及脑的保护，组织移植的后血运监测以及骨骼肌代谢功能评定等。

脑组织中的氧合血红蛋白和脱氧血红蛋白对 600 ～ 900 纳米不同波长的近红

外光吸收率有明显差异，基于这个差异，科学家可以实时、直接检测大脑皮层的血液动力学活动，这种技术被称为功能近红外光谱技术（fNIRS）。相比于传统技术，fNIRS同时具有优异的时间分辨率和较好的空间定位能力，对应用环境要求低，特别适合儿童和病人的组织氧检测。目前，fNIRS已被应用于阅读障碍、癫痫、抑郁、阿尔茨海默病等疾病的研究和临床治疗中。例如，检测阅读障碍儿童与正常儿童在实验过程中前额叶皮层的血流动力学变化，表明阅读障碍儿童前额叶存在认知功能紊乱，该结果为阅读障碍的神经生理学研究提供了可靠证据。

近红外光谱技术还被广泛应用于体育研究中，它可以无创、实时、连续地监测运动过程中肌氧和脑氧含量的变化，评估人体有氧能力和新陈代谢能力，从而判断人体运动负荷强度、运动性疲劳及恢复情况，为运动负荷的制订和运动后疲劳的恢复等提供科学依据。利用近红外光谱成像技术，还可考察运动员与运动相关的大脑皮层血氧状态，探究大脑激活模式与高水平运动成就之间的联系。通过考察高水平运动员的脑激活模式可以推断出哪些脑功能、脑结构受到了训练的塑造，根据高水平运动员脑成像方面的数据，为普通运动员制订最优化的训练方案。

近红外光谱实时监测运动过程中肌氧和脑氧含量的变化

功能性近红外光谱为运动员制订最优化的训练方案

目前，血糖的常规检测方法是从人体抽取少量血液样本进行生化分析，属于有创或微创检测。这种方法不仅成本较高，无法实现连续实时监测，给病人增加痛苦，还容易造成一些体液传染疾病的传播。在过去的 20 年，国内外已有多个研发团队投入了大量资源，用于研制基于近红外光谱技术的无创血糖测量仪，期望通过可穿戴式近红外光谱设备，实现快速、无创、实时测量人体的血糖浓度。尽管取得了一些标志性研究成果，但是由于个体生物组织背景干扰和血流容积改变等因素的影响，这项研究尚未取得根本性的突破。但科学家们并没有放弃这一研究方向，相信有一天这一技术终会实现临床应用。

近红外光谱技术可用于定量评估骨关节组织的健康状况，提高医生检测创伤后骨关节炎早期症状的能力。新型关节镜探头手术器械利用近红外光谱来确定软骨的刚性和软骨的矿物质含量，能够更准确地检测软骨和骨质流失。通过定量评估病变的严重程度，获得关于关节组织状况的综合信息，可以增强关节镜干预的治疗效果。此外，近红外光谱还被用于乳腺肿块的诊断等领域。

受航天影像技术的启发，我国科研人员成功研制了"扎针神器"——投影式红外血管显像仪。它主要利用了血管中血红蛋白对近红外光的吸收率与其他组织不同的原理，通过对数字影像的一系列处理，将皮下血管原位投影显示在皮肤表面，使医生能够清晰地识别患者皮下 8 ～ 10 毫米的细微血管，解决了肥胖患者和婴幼儿患者扎针难的问题。此外，我国科研人员还研制出了基于近红外光和超声双模态成像的静脉采血机器人，它可以在不同尺度上识别血管，其视野深度和精准度均强于肉眼，可以精准识别肥胖患者、儿童以及深色皮肤患者的血管。在智能算法的帮助下，机器人可以动态追踪穿刺针和血管的位置变化，有望打通医院采血和注射自动化的"最后一公里"。

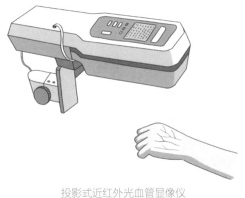

投影式近红外光血管显像仪

1.4.8 "洗"听尊便——智能洗衣机的"数据推荐"

处理完汉柯的症状，汉柯妈妈又忙起了家务，之前堆积的衣物到了该洗的时候。有赖于家庭好帮手——智能洗衣机，洗衣服变得轻松了许多。"莫忧汗垢涴芳襟，泡洗漂脱亦讲究。"汉柯妈妈用的是智能洗衣机，通过其携带的近红外光谱扫描仪能在几秒钟之内识别面料与污渍种类，精准推荐洗涤程序，让衣物得到更专业、更精细的洗涤，这是家电行业里首个推出的将近红外光谱技术与家电相结合的商品。

衣服材质主要分为三大类：天然纤维、化学纤维、混纺面料。不同的面料有着各自的特点，并无好坏之分。在洗涤方面，不同面料的衣服也有着各自最合适的条件，洗涤温度、洗涤时间、洗涤剂的种类及其用量是决定洗衣效果的三个主要因素。比如，棉质衣物最佳水温是 40 ～ 50℃，若洗涤不当容易出现褪色等问题。而羊绒毛衫的洗涤温度则不宜超过 30℃，洗涤不当就很容易变形，并影响其保暖性。同样，衣物沾染上不同的污渍，需要结合衣物面料的成分，选择不同的洗涤剂和洗涤程序。

尽管在洗衣机说明书、洗涤剂说明书和纺织品保养标签中都有洗涤说明，但是烦琐的洗涤程序和过多的洗涤剂种类让消费者很难选择，纺织品护理标签的复杂洗涤说明也让人困扰。在快节奏的现代生活中，大多数人还是凭感觉进行衣物洗涤。据统计，有近一半的人在使用洗衣机时从不改变洗涤程序设置，有一半以上的人很少甚至不看纺织品的保养标签，几乎所有消费者都有洗衣机洗涤后衣物破损或者褪色的经历。

基于近红外光谱快速分析的智能洗衣机

汉柯妈妈用的洗衣机是一款刚刚上市的智能洗衣机，其携带有小型近红外光谱扫描仪，可以精准识别面料的成分和判断污渍的成分（例如红酒酒渍、咖啡渍、牛奶渍、油渍等）。智能洗衣机得到数据后上传至云端，通过深度学习算法对数据分析后，为衣物推荐适合的洗涤程序，包括最佳的洗涤温度、洗涤剂的种类及其用量、洗涤模式等。此外，近红外光谱还能识别衣物的染料成分，根据染料成分洗涤程序智能投放相匹配的洗涤剂、护色剂及其他洗涤助剂，防止衣物掉色、褪色及串色现象的发生，达到最佳的洗涤效果。新技术的运用让衣物的每一次洗涤都是量身定制，以达到最佳的洗涤效果。

近些年，微型便携式近红外光谱仪在人们日常生活中的应用已初露头角，多款概念产品纷纷亮相市场。随着 5G、云计算、物联网等技术的发展，近红外光谱与人类生活的联系将会更加密切。不久的将来，现代光谱技术将会融入智能冰箱、智能微波炉、智能马桶、智能跑步机等家电和厨卫设施，让科技照进现实。

1.4.9　赤子之"芯"——芯片制造"绿色"更安全

每天清晨，上班族在地铁里用 5G 手机刷着国际新闻；新能源出租车繁忙地在高速路上按导航提示将乘客送往目的地；乡村教室里的孩子通过大屏幕观看北外名师的英语课程直播……信息时代，科技将世界打理得井井有条，而我们每个人都身处在信息的洪流中，享受着数字时代带来的便利。"指甲盖上一座城，亿万交错纳米晶。"半导体产业的飞速发展为信息时代奠定了物质基础，它让电子产品越来越小，价格越来越低，最终惠及整个社会。

自工业革命开启以来，人类历经了蒸汽时代、电气时代和信息时代。半导体工业是信息时代的基础之一，以半导体为基础材料的芯片，几乎关联着所有现代技术。不仅是计算机、手机等智能产品，越来越多的日用品，如冰箱、洗衣机、热水器等，都在向智能化演变，万物互联正成为触手可及的现实。

芯片是电子产品中的核心部件，我国虽然是电子产品制造大国，但长期以来高端芯片仍然依赖进口，2020 年我国的芯片进口达到了 2.42 万亿元，是同年石油原油进口总额的近 2 倍。近年来，美国频频挥舞着制裁大棒，限制对中国企业的芯片出口，已经严重威胁到我国的利益和发展。对于像我们这样的大国而言，掌握芯片制造的核心技术已经不仅仅是一个经济问题，而是维护国家安全所必需的能力。

近红外光谱用于芯片制造过程的检测

芯片制造是典型的技术主导型产业，包括了设计、前道加工、测试、封装等环节。刻蚀是芯片制造的一个重要环节，通常是在光刻工艺之后将设计好的线路留在硅片上，即采用化学或者物理方法有选择地从硅片表面去除掉不需要的材料。湿法刻蚀是常用的刻蚀手段，该技术是将芯片材料浸泡在蚀刻液内进行腐蚀，利用合适的化学试剂将需要去除部分分解，转化成可溶的化合物以达到去除的目的。

刻蚀液的主要成分为磷酸、氢氟酸、硝酸和缓冲氧化蚀刻液（BOE）等，为了保证刻蚀质量，需要对刻蚀液中各种酸的浓度进行连续监控。传统的监控手段采用化学滴定法测定酸的浓度，这种方法耗时长，结果不稳定，无法实时了解槽液中各组分的消耗量。采用近红外光谱分析技术，可以在线、实时、动态监测槽液中各组分的含量以及变化趋势。操作人员可根据近红外光谱监测结果及时补充相应的组分，保证槽液中各组分含量满足要求。

未采用近红外光谱分析技术之前，当槽液中化学药液固定使用一段时间后，无论化学药液中各组分含量多少，都会加入全新的桶装成品化学药液。利用近红外光谱分析技术从根本上解决了槽液的加液时间点难控制的问题，操作人员根据近红外光谱监测结果，准确判断加液时间点，补充组分以满足生产应用。使用近红外光谱方法不需要操作人员近距离接触刻蚀液，可以在刻蚀槽中接入一套外联流通池或者探头，该流通池或探头使用了特氟龙材料，近红外光可以直接透过特氟龙管中的刻蚀液，对所得光谱进行分析就可以快速给出刻蚀液中硝酸、氢氟酸、磷酸、硫酸和双氧水等成分的含量。此外，近红外光谱还用来监控湿法刻蚀

清洗液中的 NH_4OH、H_2O_2 或者 HCl 浓度。近红外光谱技术已在半导体行业得到了广泛应用，将多种半导体用化学液的使用寿命延长了 25% ～ 30%，降低了换液频率，在很大程度上降低了生产成本，减少了废液的产生，提高了生产能力和产品质量。

近红外光谱在线分析刻蚀液中多种化学成分的含量

1.4.10 旷"视"奇才——找矿勘察的"一双慧眼"

汉柯爸爸躺在客厅沙发上，打开电视，同时拿起了报纸，一则报道吸引了他的注意：在位于新疆和田地区和田县境内火烧云矿区外围新发现马鞍山、牛郎山等铅锌矿点，在钻孔深部发现高品位铅锌盲矿体，将火烧云铅锌成矿带的展布空间朝北西－南东方向拓展近 15 千米。和田地区发现的世界级超大型火烧云铅锌矿，是我国迄今发现的最大铅锌矿床，也是世界第二大非硫化物锌（铅）矿床，矿带已探明铅锌资源量 2300 万吨以上，预测铅锌资源潜力 4000 万吨以上。

矿产资源是人类社会存在与发展的重要物质基础，对于矿产的开发利用程度是衡量一个国家经济和科学技术水平的重要指标。从石器时代、青铜时代、铁器时代，到如今的信息时代，人类社会生产力的每一次巨大进步，都伴随着矿产资源利用水平的巨大飞跃。矿产的丰富及其开发利用程度是社会发展水平的一个标志，是衡量一个国家经济发达水平和科学技术水平的重要尺度。

不同的矿物（例如金矿、铜矿、铁矿、镍矿、铀矿以及稀土矿等）具有特征鲜明的近红外光谱吸收谱带，它就像矿物的"指纹"，因此利用近红外光谱便能在野外快速、准确地识别和分析矿物。如今，近红外光谱技术已经成为地质学家，尤其是从事野外偏远地区地质勘探的地质工作者不可或缺的工具，可节省大量勘探成本，提高找矿的效率。

钻井岩芯是进行地下油气资源研究的最珍贵资料，是了解地下地质信息最直接最重要的依据。岩芯信息的获取、分析和管理是油气资源勘探开发的基础性工作。目前岩芯信息的获取主要靠人工观察描述和采样后实验室分析，一方面人的主观差异会影响对岩芯地质结构和构造特征的客观评价，降低岩芯资料的准确性；另一方面由于很多岩芯测试实验都是破坏性的，对岩芯的多次采样会逐渐造成岩芯的缺失。

通过近红外光谱对岩芯矿物进行快速扫描和分析，可定量识别岩芯的不同矿物成分，获得大量的矿物数字信息和图像信息，为地质勘查、找矿目标区选择、成矿作用的指示、成矿潜力评价等提供帮助，为石油天然气勘探开发工程提供有关岩芯等地质样品的光谱数据和矿物自动识别结果。

近红外光谱现场鉴别矿物的类别

地球表面广阔复杂，地质学家是如何找到进行钻探的地点呢？除了上述的近红外岩芯扫描仪，地质学家在选定钻探地点之前，还要借助另一双慧眼——人造卫星搭载的近红外遥感成像仪。近红外遥感成像仪在近红外光的波长范围内采集4～400多个波段的图像，图像上每个像元都可以形成一条近红外光谱曲线。地质学家们通过分析每个像元的近红外光谱曲线就可以判断这是什么类型的矿物。通过连续地获取地表的高光谱图像数据，就可以根据图像上反映的光谱信息，绘制各种类型矿物在地面的位置，得到一个区域内不同矿物的地理分布特征。最后评价出哪些地方最有可能找到矿产，为后面钻探工作的部署提供依据。例如，方解石是大理岩的主要矿物成分，而褐铁矿和绿帘石是岩浆岩中含铁的长石变质生产的矿物，地质学家根据它们在一个区域的地理分布图，结合断裂构造的特征，就可推测出这一区域是安山岩与大理岩的接触带，并出现了矽卡岩化（一种变质作用），断裂交汇部位很有可能成为矿体形成的地段。

不同矿物的近红外光谱及其在一个区域的地理分布图

1.4.11 日升"月"恒——翱翔太空的探测"精灵"

　　德国哲学家康德说过："这个世界上唯有两样东西能让我们的心灵感到深深的震撼：一件是我们内心崇高的道德法则，另一件是我们头顶灿烂的星空。"自有人类文明史以来，人类对于浩瀚星空的探索从未停止。汉柯爸爸刚看完报纸，电视又传来新闻：我国科学家利用嫦娥四号月球探测器的探测数据，证明了月球背面存在以橄榄石和低钙辉石为主的深部物质，由此，月幔化学成分的神秘面纱被缓缓揭开。

　　德国哲学家黑格尔曾言道："一个民族有一些关注天空的人，他们才有希望。"千百年来，璀璨的星空一直吸引着我们的好奇心，绚丽的宇宙总会给我们以无穷无尽的遐想。近红外光谱的目光不仅俯览大地，也在遥望深邃的太空，在空间探测上发挥着重要的作用。

北京时间 2019 年 1 月 3 日上午 10 时 26 分，探月工程嫦娥四号月球探测器在月球背面的冯·卡门坑内成功着陆。此后，玉兔二号巡视器驶抵月背表面，其上携带的近红外成像光谱仪成功获取了着陆区探测点的高质量光谱数据。在多台科学有效载荷中，近红外成像光谱仪是唯一服务于月球矿物组成探测与研究的科学仪器。该仪器整机重量小于 6 千克，是一台高性能、轻小型、高集成的仪器。光谱仪采用 AOTF 分光技术，光谱范围为 0.45 ～ 2.40 微米，光谱分辨率为 2 ～ 12 纳米，拥有在轨定标及防尘功能，具备在 -20 ～ 55℃条件下执行任务以及 -50 ～ 70℃条件下存储数据的能力。近红外成像光谱仪可以对月球车前方 0.7 米的月表进行精细光谱信息获取，识别 0.1 米分辨率的月表矿物特征，为月面巡视区矿物组成分析提供可靠的数据。

北京时间 2020 年 11 月 24 日 4 时 30 分，探月工程嫦娥五号探测器发射成功，开启我国首次地外天体采样返回之旅。除此之外，嫦娥五号探测器还肩负着获取月表形貌、矿物组分探测与研究、月球浅层结构探测等任务。其携带的月球矿物光谱分析仪除了能对辉石、橄榄石等月表主要矿石进行分析，还能探测 3000 纳米附近的羟基吸收峰，用以完成对月面目标的探测和分析任务。

北京时间 2021 年 2 月 19 日凌晨 4 时 55 分，我国首个火星探测器"天问一号"进入火星轨道一周后，上面搭载的祝融号火星车不经变轨直接突入火星大气层并成功着陆。祝融号上搭载着我国自行研制的火星表面成分探测仪和火星矿物光谱分析仪，其中火星矿物光谱分析仪只有 7 千克左右，它可获取火星表面可见光至中波红外宽谱段的光谱成像数据，为矿物资源分布和火星地质环境的探测提供科学数据。该光谱仪涵盖谱段较宽，包括可见光和中波红外（400 ～ 3400 纳米），光谱分辨率很高，可达 4 纳米，这相当于我们观察彩虹，可以看到 576 种不同颜色。

国外媒体报道，哈勃望远镜的"接任者"韦伯望远镜计划于 2022 年发射。韦伯望远镜由 NASA 和欧洲航天局以及加拿大航天局联合研发，它将是有史以来最强大的太空望远镜。其携带三台具有超级图像能力的仪器：一台近红外摄像机、一台近红外光谱仪以及一台组合式中红外摄像机与光谱仪。一旦成功发射并投入运行，韦伯望远镜将填补天文学家和天体物理学家的一些知识空白，这主要

嫦娥四号上的近红外成像光谱仪

归功于望远镜能够很好地探测到红外光谱。该望远镜搭载有 0.6 ～ 28 微米波段的探测器，它不仅能够探测和分析最远距离的红移星系，还能够直接观测行星状星云中的巨大尘埃云，并辅助观测附近的系外行星。韦伯望远镜搭载的近红外光谱仪可以同时观测 100 个天体，为天文学家研究这些天体的化学成分、动力学特性、年龄和距离提供数据。天文学家们还计划用它观测宇宙早期（约大爆炸后 4 亿年）的恒星和星系，研究银河系恒星诞生的早期阶段、分析其他恒星轨道上行星的大气特性，帮助天文学家寻找潜在的地外生命。

1.4.12 "活"灵活现——日化品的"安全卫士"

夜至深处，一家人开始洗漱收拾，为充实的一天画上休止符。汉柯的妈妈睡前习惯用化妆品进行皮肤护理。中国化妆品的生产和使用历史悠久，晋朝张华所著的《博物志》中就有"纣烧铅作粉"涂面而美容的记录。如今，刷牙的牙膏、洗脸的洗面奶，还有爱美的汉柯妈妈坚持用的睡前皮肤护理品，大量的日化品渗透到人们生活的各个方面，成为人类生活中的必需品。

随着社会的进步和人类文明的发展，大量的化学品进入家庭，渗透到人们生活的各个方面，成为人类生活中不可缺少的必需品。日用化学品泛指在家庭中使用的一大类化学品，其在化学工业所占的比率是国家化学工业进步的标志之一。广义上讲，凡进入家庭日常生活和居住环境的化学物质均可称为日用化学品，简称日化品，包括洗涤用品、护肤美容用品、护发美发用品、洁齿护齿用品、消毒用品和除虫杀菌用品等。

化妆品、牙膏等盥洗卫生品和农药等都属于精细化学品行业，近红外光谱分析技术在精细化工领域中的应用越来越广泛。近红外光谱可以快速检测化妆品油类原料（植物油脂、动物油脂和矿物油脂等）的酸值、碘值、羟值、皂化值等品质指标，鉴别香料种类，以及分析洗衣粉、牙膏、洗发水和护肤品等日化产品中活性成分含量等。

受全球新冠肺类疫情影响，洗手液、消毒液等个人洗护及消杀类产品需求大增，甚至出现断货。表面活性剂是洗手液等洗护产品的主要成分，其质量直接关系到消费者的身体健康。近红外光谱可以快速、无损测量表面活性剂的羟值、碘值、不饱和度、胺值、皂化值、水分等关键质量参数，国内外很多表面活性剂企业都已采用近红外光谱方法对产品生产进行质量控制。我国还制定了《非离子表面活性剂　羟值测定》（GB/T 7383—2020）、《表面活性剂　碘值测定》（GB/T 13892—2020）、《表面活性剂　皂化值测定》（HG/T 3505—2020）等国家标准和行业标准，为生产企业质量控制提供了依据。

在线近红外光谱探头监控化工反应过程

对于抗病毒醇类免洗洗手液，浓度范围在 60% ～ 85% 的乙醇溶液或 60% ～ 80% 异丙醇溶液的抗菌效果最好。在醇类洗手液的生产过程中，近红外光谱可用来快速分析主要化学成分的含量，用于质量控制和质量保证。也可在流通领域快速鉴别醇类洗手液的种类，检测醇类洗手液中是否含有甲醇、正丙醇等成分。

在防晒霜原料合成过程中有一步格氏反应，即卤代化合物在四氢呋喃中和金属镁反应生成烷基化卤化镁。卤代烷与金属镁发生反应需要稍稍加热，但温度不能过高。近红外光谱在线分析能实时监测卤代化合物的浓度变化，如果卤代化合物的浓度降低，说明反应已经引发，这时需要采取措施保证反应放热不能过多，以避免发生生产事故。反应引发后，根据近红外光谱实时检测到的卤代烷含量变化，可及时掌握反应进行的程度和趋势，通过优化调整反应条件获得合格的产物。近红外光谱在线分析技术在整个合成过程中起到了安全预警和过程控制的作用。

在精细化学品的生产过程中，近红外光谱可以实时监测氯化反应过程中的反应物和生成物含量，以及硝化反应过程中多种混酸和硝化物的含量。由于采用了在线分析，不仅节省了大量的人工取样，减少了工作人员与有毒化学品的接触，而且通过实时的过程监测，可有效缩短反应周期，提高生产效率，改善产品质量。在一些蒸馏塔、萃取塔、精制塔等的化工溶剂回收过程，近红外光谱可实时确定精馏终点，减少溶剂损失，显著降低溶剂再处理费用。

夜幕深沉，灯火渐灭，城市恢复了一片寂静祥和。汉柯爬上了床，关灯闭目而眠。忙碌又充实的一天画上了句号。小小的房间漆黑一片，但在看不见的地方，红外光仍然充盈了整个房间。

在这一天普通的生活中，汉柯或许根本不知道有近红外光谱技术的存在，但近红外光谱技术已经在不知不觉间悄然而至，无时无刻不在影响着每个人的生活，渗透在方方面面，并不断突破着我们的想象力，带来一次又一次的惊喜和震撼。

近红外光谱的未来有着无限可能，它极有可能成为构建全新社会与全新生活的重要技术。未来的我们，会在无所察觉中惬意地享用着近红外光谱技术带来的美好。

为了这一切美好的出现，今天我们所有近红外人的努力都是值得的。

参考文献

[1] 褚小立, 刘慧颖, 燕泽程. 近红外光谱分析技术实用手册[M]. 北京: 机械工业出版社, 2016.

[2] 褚小立, 张莉, 燕泽程. 现代过程分析技术交叉学科发展前沿与展望[M]. 北京: 机械工业出版社, 2016.

[3] Flinn P. An average day (or how near infrared spectroscopy affect daily life)[J]. NIR News, 2005,16(7): 4-8.

[4] Kawasaki M, Kawamura S, Tsukahara M. Near-infrared spectroscopic sensing system for on-line milk quality assessment in a milking robot [J]. Computers and Electronic in Agriculture, 2008, 63(1): 22-27.

[5] 刘连超, 刘景喜, 王丽学, 等. 奶牛全混合日粮(TMR)质量控制技术的转化与示范[J]. 饲料研究, 2014 (11): 84-89.

[6] 黄宝莹, 佘之蕴, 王文敏, 等. 近红外光谱技术在乳制品快速检测中的应用研究进展[J]. 中国酿造, 2020, 39(7): 16-19.

[7] 曹明月, 郑爱荣, 娄渊志, 等. 奶牛全混合日粮常规营养成分含量近红外快速检测模型的构建与应用[J]. 动物营养学报, 2020, 32(7): 3420-3427.

[8] 周昊杰, 李小宇, 冯煜, 等. 奶牛常用粗饲料营养成分近红外数据库的建立[J]. 黑龙江畜牧兽医, 2020 (3): 106-109.

[9] 魏勇, 王德志, 何宏, 等. 近红外检测分析仪在玉米青贮质量检测的应用[J]. 中国畜禽种业, 2019, 15(1): 4-6.

[10] 王新基, 郭涛, 潘发明, 等. 利用近红外光谱技术快速分析全株玉米青贮营养成分[J]. 家畜生态学报, 2021, 42(1): 52-55.

[11] 杨晋辉, 郑楠, 杨永新, 等. 红外光谱在牛奶生产和检测方面的研究进展[J]. 农业工程学报, 2016, 32(17): 1-11.

[12] 娄文琦, 罗汉鹏, 刘林, 等. 牛奶的中红外光谱相关指标及遗传规律研究进展[J]. 中国畜牧杂志, 2020, 56(3): 25-32.

[13] 蒋丽婷, 孙浩洋. 近红外光谱在乳制品分析检测中的应用[J].食品安全导刊, 2018(15): 54-55.

[14] 严旭, 游明鸿, 张玉, 等. 动物粪便近红外光谱的应用潜力[J]. 光谱学与光谱分析, 2015, 35(12): 3382-3387.

[15] 王鹏, 孙迪, 牟美睿, 等. 近红外漫反射光谱快速检测规模化奶牛场粪便运移全程中的全氮含量[J]. 光谱学与光谱分析, 2020, 40(10): 3287-3291.

[16] 何鸿举, 王玉玲, 陈岩, 等. 近红外光谱技术在小麦粉品质检测方面的应用研究进展[J]. 食品工业科技, 2020, 41(7): 345-352.

[17] 刘继明, 冯厉, 李晓坤, 等. Perton8600 近红外仪在面粉厂的重要应用[J]. 粮油食品科技, 2000 (5): 28-29.

[18] 王玮, 张泽俊, 薛文通, 等. 近红外检测技术在小麦品质及面制品研究中的应用[J]. 食品科技, 2008, 33(9): 211-214.

[19] 朱大洲, 黄文江, 马智宏, 等. 基于近红外网络的小麦品质监测[J]. 中国农业科学, 2011, 44(9): 1806-1814.

[20] 朱艳, 曹卫星, 田永超, 等. 应用近红外光谱估测小麦叶片氮含量[J]. 植物生态学报, 2011, 35(8): 844-852.

[21] 杨增玲, 杨钦楷, 沈广辉, 等. 豆粕品质近红外定量分析实验室模型在线应用[J]. 农业机械学报, 2019, 50(8): 358-363.

[22] 王乐, 史永革, 李勇, 等. 在线近红外过程分析技术在豆粕工业生产上的应用[J]. 中国油脂, 2015, 40(1): 91-94.

[23] 宋志强, 张恒, 郑晓, 等. 近红外光谱技术在食用植物油脂检测中的应用[J]. 武汉工业学院学报, 2013 (2): 1-5.

[24] 张东生, 金青哲, 薛雅琳, 等. 油茶籽油的营养价值及掺伪鉴定研究进展[J]. 中国油脂, 2013, 38(8): 47-50.

[25] 李娟, 梁漱玉. 近红外快速无损检测食用油品质的研究进展[J]. 食品与机械, 2016, 32(11): 225-228.

[26] Li X, Zhang L X, ZhangY, et al. Review of NIR spectroscopy methods for nondestructive quality analysis of oilseeds and edible oils[J]. Trends in Food Science & Technology, 2020, 101: 172-181.

[27] 朱雨田, 李锦才, 高素君, 等. 近红外光谱技术在食用油快速检测领域中的研究进展[J]. 中国油脂, 2017, 42(7): 140-143.

[28] 中国食品科学技术学会. 食用油的科学[M]. 北京: 中国轻工业出版社, 2020.

[29] 吴建虎, 黄钧. 可见/近红外光谱技术无损检测新鲜鸡蛋蛋白质含量的研究[J]. 现代食品科技, 2015, 31(5): 285-290.

[30] 董晓光. 鸡蛋新鲜度多指标融合光谱无损检测方法研究[D]. 北京: 中国农业大学, 2019.

[31] 秦五昌, 汤修映, 彭彦昆, 等. 基于可见/近红外透射光谱的孵化早期受精鸡蛋的判别[J]. 光谱学与光谱分析, 2017, 37(1): 200-204.

[32] 刘金阳, 谢定, 杨倩圆, 等. 近红外光谱法快速测定榨菜中亚硝酸盐含量[J]. 食品工业科技, 2019, 40(6): 245-251.

[33] 刘冰, 杨季冬. 近红外光谱法快速鉴别涪陵榨菜品牌的研究[J]. 食品工业科技, 2011, 32(8): 397-399.

[34] 刘冰, 刘振尧, 朱乾华, 等. 傅里叶变换近红外光谱法快速评价涪陵榨菜品质[J]. 分析测试学报, 2011, 30(2): 190-193.

[35] 张娴. 近红外光谱快速无损检测仿瓷材料及制品的研究[D]. 北京: 北京化工大学, 2011.

[36] 王珊. 仿瓷餐具安全性探究[J]. 湖南包装, 2009, 3: 3-6.

[37] 刘强, 李晓靓. 土壤成分近红外光谱检测的重点和难点[J]. 科技创新导报, 2013 (8): 236-236.

[38] 曲楠, 朱明超, 窦森. 近红外与中红外光谱技术在土壤分析中的应用[J]. 分析测试学报, 2015, 34(1): 120-126.

[39] Ji W J, Li S, Chen S C, et al. Prediction of soil attributes using the Chinese soil spectral library and standardized spectra recorded at field conditions[J]. Soil and Tillage Research, 2016, 155: 492-500.

[40] 周鹏, 李民赞, 杨玮, 等. 基于近红外漫反射测量的车载式原位土壤参数检测仪开发[J]. 光谱学与光谱分析, 2020, 40(9): 2856-2861.

[41] 宋海燕. 土壤近红外光谱检测[M]. 北京: 化学工业出版社, 2013.

[42] 褚小立, 陈瀑, 许育鹏, 等. 化学计量学方法在石油分析中的研究与应用进展[J]. 石油学报(石油加工), 2017, 33(6): 1029-1038.

[43] 褚小立, 陆婉珍. 近红外光谱分析技术在石化领域中的应用[J]. 仪器仪表用户, 2013, 20(2): 11-13.

[44] 王雁君, 张蕾, 房鞬, 等. RIPP汽油精准调合技术[J]. 计算机与应用化学, 2019, 36(1): 84-90.

[45] 杨元一. 身边的化工[M]. 北京: 化学工业出版社, 2018.

[46] 张豪. 近红外检测模型在乙醇生产中的开发及应用[D]. 杭州: 浙江大学, 2017.

[47] 张小希, 李伟, 许伟, 等. 近红外光谱DA7200在燃料乙醇工业中的应用[J]. 酿酒科技, 2008(8): 92-94.

[48] 杨维旭, 孔令新, 等. 近红外光谱在酒精发酵过程检测中的应用[J]. 酿酒科技, 2011(9): 84-88.

[49] 方景春, 赵敬. 近红外分析仪在酒糟饲料生产控制及质量检测中的应用[J]. 粮食与食品工业, 2006, 13 (2): 51-53.

[50] 张顺, 宋涛, 郑一航, 等. 傅里叶变换近红外光谱技术快速测定玉米DDGS营养成分[J].中国饲料, 2021 (3): 71-77.

[51] 王艳斌. 人工神经网络在近红外分析方法中的应用及深色油品的分析[D]. 北京: 石油化工科学研究院, 2000.

[52] Sun X T, Yuan H F, Song C F, et al. Rapid and simultaneous determination of physical and chemical properties of asphalt by ATR-FTIR spectroscopy combined with a novel calibration-free method[J]. Construction and Building Materials，2020, 230: 116950.

[53] 陈兰珍, 叶志华, 赵静. 蜂蜜近红外光谱检测技术[M]. 北京: 中国轻工业出版社, 2012.

[54] 屠振华, 朱大洲, 籍保平, 等. 基于近红外光谱技术的蜂蜜掺假识别[J]. 农业工程学报, 2011, 27(11): 382-387.

[55] 刘晨. 蜂蜜品质的近红外光谱检测方法研究[D]. 西安: 西安理工大学, 2019.

[56] 周云, 臧恒昌. 近红外分析技术在中药鉴定及含量测定方面的研究进展[J]. 食品与药品, 2009, 11(1): 72-74.

[57] 周雨枫, 周立红, 张凤莲, 等. 近红外光谱技术在三七提取过程中的在线控制[J]. 中药材, 2019, 42(10): 2367-2370.

[58] 白钢, 侯媛媛, 丁国钰, 等. 基于中药质量标志物构建中药材品质的近红外智能评价体系[J]. 药学学报, 2019, 54(2): 197-203.

[59] 杨越. 基于近红外光谱技术的中药生产过程质量控制方法研究[D]. 北京: 浙江大学, 2018.

[60] 丁念亚, 黎薇, 冯昕鞬, 等. 近红外漫反射光谱在中药分类及真伪鉴别中的应用[J]. 计算机与应用化学, 2008 (4): 499-502.

[61] 史春香, 杨悦武, 郭治昕, 等. 近红外光谱在中药质量控制中的应用[J]. 中草药, 2005 (11): 1731-1733.

[62] 桂家祥, 耿响, 周丽萍, 等. 纺织品原料组份定性、定量快速检测方法研究——近红外光谱法[J].

检验检疫学刊, 2013, 23(1): 1-6.

[63] 孙克强, 王京力, 廖佳, 等. 近红外光谱技术在纺织产品检测中的应用[J]. 轻纺工业与技术, 2019, 48(8): 189-191.

[64] 黄敏君, 黄明华, 闵雯, 等. 基于近红外光谱的纺织纤维含量检测技术的研究进展[J]. 中国纤检, 2018(11): 70-72.

[65] 耿响, 周丽萍, 桂家祥, 等. 近红外光谱技术在消费品领域的研究进展及展望[J]. 红外, 2017, 38(12): 1-5.

[66] 程思思. 近红外光谱快速定量分析天然纤维的研究[D]. 北京: 北京化工大学, 2016.

[67] 时瑶, 李文霞, 赵国樑, 等. 废旧涤/棉混纺织物近红外定量分析模型的建立及预测[J].分析测试学报, 2016, 35(11): 1390-1396.

[68] 杜宇君, 李文霞, 王华平, 等. 纤维织物在线近红外检测影响因素探究[J]. 分析测试学报, 2019, 38(10): 1163-1170.

[69] 温晓燕, 陈曼, 严蕊, 等. 硝化甘油生产过程中硝化酸的快速检测方法[J]. 火炸药学报, 2018, 41(6): 599-604.

[70] 梁惠, 李丽洁, 金韶华, 等. 乌醋溶液中乌洛托品含量的近红外光谱温度校正模型的研究[J]. 含能材料, 2018, 26(5): 441-447.

[71] 王志强. 近红外光谱法快速检测单基发射药生产过程中组分含量[D]. 南京: 南京理工大学, 2018.

[72] 温晓燕, 苏鹏飞, 刘红妮, 等. 近红外漫反射光谱法测定硝化棉含氮量的数值模拟及实验研究[J]. 火炸药学报, 2014, 37(6): 87-89.

[73] 温晓燕, 谯娟, 刘红妮, 等. 近红外光谱法测定HMX中α-HMX杂质晶型的含量[J]. 火炸药学报, 2016, 39(3): 61-65.

[74] 刘志伟, 王婧娜, 毕宝杰, 等. 鱼雷燃料组分专用近红外分析系统的研制[J]. 化工自动化及仪表, 2018, 45(2): 124-127.

[75] 王菊, 申刚, 邢志. 近红外光谱快速测定混胺组分含量[J]. 分析化学, 2004(4): 459-463.

[76] 王菊香, 邢志娜, 叶勇, 等. 近红外光谱法快速分析液体推进剂组成和性质[J]. 理化检验(化学分册), 2009, 45(7): 787-790.

[77] 杨忠, 江泽慧, 吕斌. 红木的近红外光谱分析[J].光谱学与光谱分析, 2012, 32(9): 2405-2408.

[78] 赵晓俊, 顾玉琦, 王佩欣, 等. 油漆涂层对近红外鉴别两种红木家具种类影响分析[J]. 光散射学报, 2019, 31(1): 88-93.

[79] 仝莉. 热处理南方松木材材色和力学强度的近红外光谱预测模型[D]. 北京: 北京林业大学, 2017.

[80] 洪胜杰, 顾玉琦, 寿国忠. 移动近红外珍稀木材鉴别云服务系统的设计与实现[J].计算机应用与软件, 2017, 34(1): 214-217.

[81] 陈国荣. 近红外光谱技术在木材工业中的研究进展[J]. 辽宁林业科技, 2016 (3): 38-42.

[82] 张鸿富, 李耀翔. 近红外光谱技术在木材无损检测中应用研究综述[J]. 森林工程, 2009, 25(5): 26-31.

[83] 杨斌, 张美云, 陆赵情. 近红外光谱分析技术在造纸工业中的应用[J]. 湖北造纸, 2012(2): 11-16.

[84] 刘文波. 近红外技术在纤维素工业上的应用[J]. 国际造纸, 2007 (5): 50-53.

[85] 李坤, 付时雨, 詹怀宇. 近红外光谱分析技术在制浆造纸中的应用[J]. 造纸科学与技术, 2008, 27 (4): 40-44.

[86] 刘晓, 张厅, 王云, 等. 近红外光谱技术在茶叶中的应用研究进展[J]. 中国农学通报, 2019, 35(29): 80-84.

[87] Lin X , Sun D W. Recent developments in vibrational spectroscopic techniques for tea quality and safety analyses[J]. Trends in Food Science & Technology, 2020, 104: 163-176.

[88] 陈玲, 包福书, 韩波, 等. 近红外光谱技术在茶叶上的研究进展[J]. 种子科技, 2019, 37(16): 34-36.

[89] 蔡海兰, 李琛, 杨普香. 基于近红外光谱技术的茶叶质量过程控制研究进展[J]. 蚕桑茶叶通讯, 2016 (6): 18-22.

[90] 周健, 成浩, 王丽鸳. 近红外技术在茶叶上的研究进展[J]. 茶叶科学, 2008 (4): 294-300.

[91] 冯旭, 王宇葳. 中国符号·中国茶: 一片绿叶的故事[M]. 北京: 中国友谊出版公司, 2019.

[92] 王胜鹏, 龚自明. 近红外光谱技术简介及其在茶鲜叶评价上的应用[M]. 北京: 中国农业科学技术出版社, 2019.

[93] 王胜鹏, 宛晓春, 林茂先, 等. 基于水分、全氮量和粗纤维含量的茶鲜叶原料质量近红外评价方法 [J]. 茶叶科学, 2011, 31(1):66-71.

[94] Wang S P, Gong Z M, Su X Z, et al. Estimating the acquisition price of enshi yulu young tea shoots using near-infrared spectroscopy by the back propagation artificial neural network model in conjunction with backward interval partial least squares algorithm[J]. Journal of Applied Spectroscopy, 2017, 84(4): 704-709.

[95] Ren G, Wang Y, Ning J, et al. Highly identification of keemun black tea rank based on cognitive spectroscopy: near infrared spectroscopy combined with feature variable selection [J]. Spectrochimica Acta Part A: Molecular and Biomolecular Spectroscopy, 2020, 230: 118079.

[96] 任广鑫, 金珊珊, 李露青, 等. 近红外光谱技术在茶叶品控与装备创制领域的研究进展[J]. 茶叶科学, 2020, 40(6): 707-714.

[97] Preedy V R. Coffee in health and disease prevention[M]. Amsterdam: Elsevier, 2015.

[98] 陈秀明, 奚星林, 潘丙珍, 等. 基于近红外光谱技术的咖啡掺假快速鉴别方法[J]. 现代食品科技, 2018, 34(10): 253-257.

[99] 鲍一丹, 陈纳, 何勇, 等. 近红外高光谱成像技术快速鉴别国产咖啡豆品种[J]. 光学精密工程, 2015, 23(2): 349-355.

[100] 王冬, 闵顺耕, 段佳, 等. 漫反射近红外光谱法同时测定液体咖啡中的速溶咖啡、植脂末、糖含量 [J]. 光谱学与光谱分析, 2012, 32(4): 982-984.

[101] 王艳艳, 何勇, 邵咏妮, 等. 基于可见-近红外光谱的咖啡品牌鉴别研究[J]. 光谱学与光谱分析, 2007(4): 702-706.

[102] 程可, 董文江, 赵建平, 等. 光谱指纹图谱技术在咖啡质量控制应用中的研究进展[J]. 热带作物学报, 2017, 38(12): 2400-2406.

[103] 李震宇, 李红, 林金梅. 国产近红外设备对糖厂在制品快速分析的初步应用[J].计算机与应用化学, 2010, 27(12): 1694-1696.

[104] 张彩霞, 唐新阳, 关荣远, 等. 近红外线在线监测糖厂入榨甘蔗质量应用初探[J]. 甘蔗糖业, 2019 (5): 29-36.

[105] 白燕. 近红外分析技术在甘蔗制糖生产上的应用研究[D]. 南宁:广西大学, 2007.

[106] 黎庆涛. 近红外甘蔗分析系统:提高甘蔗糖厂在线分析水平的有效手段[J]. 广西轻工业, 2003 (1): 31-32.

[107] 陈继红, 赵武善. 采用近红外技术分析糖汁用于甘蔗的收购计价[J]. 广西蔗糖, 2002 (4): 31-33.

[108] 王远辉, 赵丹丹, 黎庆涛. 近红外光谱法快速分析制糖废蜜锤度、蔗糖分和还原糖分[J]. 食品科技, 2014, 39(9): 284-288.

[109] 张森, 张双虹, 赵金力, 等. 近红外光谱技术在糖业的应用及进展[J]. 食品安全质量检测学报, 2020, 11(20): 7196-7202.

[110] 韩东海, 王加华. 水果内部品质近红外光谱无损检测研究进展[J]. 中国激光, 2008 (8): 1123-1131.

[111] 谭保华, 肖腾飞, 刘琼磊, 等. 典型经济水果近红外漫反射无损检测及其光谱数据分析[J]. 湖北农业科学, 2020, 59(12): 154-158.

[112] 张玉华, 孟一, 张明岗, 等. 基于近红外、机器视觉及信息融合的水果综合品质检测[J].食品工业, 2018, 39(11): 247-250.

[113] 李光辉, 任亚梅. 近红外技术在果品品质无损检测中的研究进展[J]. 食品研究与开发, 2012, 33(10): 207-211.

[114] 陈文丽, 王其滨, 路皓翔, 等. 最小角回归结合核极限学习机的近红外光谱对柑橘黄龙病的鉴别[J]. 分析测试学报, 2020, 39(10): 1267-1273.

[115] 廖秋红, 何绍兰, 谢让金, 等. 基于近红外光谱的纽荷尔脐橙产地识别研究[J]. 中国农业科学, 2015, 48(20): 4111-4119.

[116] 万毅, 张玉, 杨华, 等. 基于近红外光谱的橄榄油理化指标快速检测模型研究[J]. 食品工业科技, 2017, 38(21): 257-262.

[117] 王传现, 褚庆华, 倪昕路, 等. 近红外光谱法用于橄榄油的快速无损鉴别[J].食品科学, 2010, 31(24): 402-404.

[118] 陈永明, 林萍, 何勇. 基于遗传算法的近红外光谱橄榄油产地鉴别方法研究[J].光谱学与光谱分析,2009,29(3):671-674.

[119] Wang P, Sun J, Zhang T T, et al. Vibrational spectroscopic approaches for the quality evaluation and authentication of virgin olive oil[J]. Applied Spectroscopy Reviews, 2016, 51(10): 763-790.

[120] 徐纬英, 陈周顺. 营养之王橄榄油[M]. 上海: 上海科学普及出版社, 2009.

[121] Zheng X C, Li Y Y, Wei W S, et al. Detection of adulteration with duck meat in minced lamb meat by using visible near-infrared hyperspectral imaging[J]. Meat Science, 2019, 149: 55-62.

[122] Achata E, Oliveira M, Esquerre C, et al. Visible and NIR hyperspectral imaging and chemometrics for prediction of microbial quality of beef Longissimus Dorsi muscle under simulated normal and abuse storage conditions[J]. LWT-Food Science and Technology, 2020, 128: 109463.

[123] Wu J H, Peng Y K, Li Y Y, et al. Prediction of beef quality attributes using VIS/NIR hyperspectral scattering imaging technique [J]. Journal of Food Engineering, 2012, 109 (2): 267-273.

[124] 郑晓春, 李永玉, 彭彦昆, 等. 基于可见/近红外光谱的牛肉品质无损检测系统改进[J]. 农业机械学报, 2016, 47(S1): 332-339.

[125] 蓝蔚青, 张楠楠, 刘书成, 等. 近红外光谱技术在水产品检测中的应用研究进展[J]. 光谱学与光谱分析, 2017, 37(11): 3399-3403.

[126] 何鸿举, 王正荣, 王魏, 等. 近红外光谱技术在肉品掺假检测方面的研究进展[J]. 食品工业科技, 2020, 41(3): 345-350.

[127] 郎玉苗, 李海鹏, 沙坤, 等. 近红外技术在牛肉质量分级体系中的应用研究进展[J]. 肉类研究, 2012, 26(8): 39-42.

[128] 唐鸣, 徐杨, 彭彦昆, 等. 基于粒子群聚类的牛肉含水率光谱检测技术[J]. 农业机械学报, 2014, 45(10): 220-225.

[129] 吴习宇, 赵国华, 祝诗平. 近红外光谱分析技术在肉类产品检测中的应用研究进展[J].食品工业科技, 2014, 35(1): 371-374.

[130] 沈啸, 唐修君, 樊艳凤, 等. 近红外光谱技术在肉类品质评价中的应用[J]. 食品安全质量检测学报, 2019, 10(21): 7260-7264.

[131] Shackelford S D, Wheeler T L, Koohmaraie M. On-line classification of US select beef carcasses for tenderness using visible and near-infrared reflectance spectroscopy [J]. Meat Science, 2005, 69: 409-441.

[132] 赵娟, 彭彦昆. 基于高光谱图像纹理特征的牛肉嫩度分布评价[J]. 农业工程学报, 2015, 31 (7): 279-286.

[133] 黄伟, 杨秀娟, 张燕鸣, 等. 近红外光谱技术在肉类定性鉴别中的研究进展[J]. 肉类研究, 2014, 28(1): 31-34.

[134] 徐霞, 成芳, 应义斌. 近红外光谱技术在肉品检测中的应用和研究进展[J]. 光谱学与光谱分析, 2009, 29(7): 1876-1880.

[135] 陈坤杰, 杨凯, 康睿, 等. 基于机器视觉的鸡胴体表面污染物在线检测技术[J]. 农业机械学报, 2015, 46(9): 228-232.

[136] 张嫱, 郑明媛, 张伟, 等. 高光谱成像技术在禽类产品品质无损检测中的研究进展[J]. 食品工业科技, 2013, 34(14) : 358-362.

[137] 田磊, 耿朝曦, 韩东海. 近红外光谱分析技术在葡萄酒行业中的应用[J]. 中外食品, 2006 (5): 49-52.

[138] 刘司琪, 王锡昌, 王传现, 等. 基于红外光谱的葡萄酒关键质量属性快速分析评价研究进展[J]. 食品科学, 2017, 38(19): 268-277.

[139] 章林忠, 蔡雪珍, 方从兵. 近红外光谱定量和定性分析技术在鲜食葡萄果实无损检测中的应用[J]. 浙江农业学报, 2018, 30(2): 330-338.

[140] 徐洪宇, 张京芳, 卢春生, 等. 近红外光谱技术在酿酒葡萄品质检测中的应用现状及展望[J]. 中国食品学报, 2012 (8): 148-155.

[141] 郭海霞, 王涛, 刘洋, 等. 基于可见-近红外光谱技术的葡萄酒真伪鉴别的研究[J]. 光谱学与光谱分析, 2011 (12): 103-106.

[142] 张树明, 杨阳, 梁学军, 等. 葡萄酒发酵过程主要参数近红外光谱分析[J]. 农业机械学报, 2013, 44(1): 152-156.

[143] 贾柳君, 王健, 张海红, 等. 近红外光谱技术定量分析葡萄酒的主要成分[J]. 食品科技, 2017, 42(5): 273-278.

[144] 刘巍, 战吉成, 黄卫东, 等. 基于近红外光谱技术的葡萄酒原产地辨识方法[J]. 农业工程学报, 2010, 26(13): 374-378.

[145] 龚加顺, 刘佩瑛, 刘勤晋, 等. 茶饮料品质相关成分的近红外线光谱技术分析[J]. 食品科学, 2004 (2): 135-140.

[146] 谷如祥, 赵武奇, 石珂心, 等. 近红外光谱测定苹果饮料中原果汁含量[J].食品工业科技, 2013, 34(20): 75-77.

[147] 刘红, 张明, 姜明洪, 等. 近红外光谱技术在饮料中的应用研究[J]. 饮料工业, 2017, 20(1): 69-73.

[148] 谷如祥. 苹果汁品质近红外光谱检测技术研究[D]. 西安: 陕西师范大学, 2014.

[149] 唐长波, 岳田利. 近红外光谱法检测果汁中的富马酸[J]. 西北农业学报, 2007 (2): 187-189.

[150] 费坚, 岳田利, 张飞, 等. 果品-果汁加工中的近红外光谱技术[J]. 西北农业学报, 2005 (1): 88-93.

[151] 王晶, 王加启, 卜登攀, 等. 近红外光谱技术在牛奶及其制品品质检测中的应用[J]. 光谱学与光谱分析, 2009, 29(5): 1281-1285.

[152] 马存宇. 巴斯夫子公司trinamiX近红外光谱仪使塑料分类更简单[J]. 现代化工, 2020, 40(7): 246.

[153] 于辉, 尹凤福, 闫磊, 等. 塑料近红外分选设备喷吹分离的仿真研究[J]. 机电工程, 2019, 36(4): 378-382.

[154] 王鹏. 基于近红外光谱的废旧塑料识别分类模型的建立[D]. 天津: 天津大学, 2016.

[155] 张毅民, 白家瑞, 刘红莎, 等. 基于近红外的Fisher判别法鉴别废塑料[J]. 工程塑料应用, 2014, 42(5): 75-79.

[156] 金楠, 常楚晨, 王红英, 等. 在线近红外饲料品质监测平台设计与试验[J]. 农业机械学报, 2020, 51(7): 129-137.

[157] 陈辉. 近红外光谱技术在养猪业中的应用研究进展[J]. 中国猪业, 2019, 14(1): 23-27.

[158] 隋莉, 郭团结, 杨红伟, 等.饲料企业近红外规模化应用关键控制点[J]. 中国畜牧杂志, 2017, 53(11): 108-113.

[159] 李金林, 许迟, 何立荣, 等. 近红外光谱分析技术在饲料检测领域的应用研究[J]. 饲料研究, 2017 (5): 10-12.

[160] 李玉鹏, 李海花, 朱琪, 等. 近红外光谱分析技术及其在饲料中的应用[J].中国饲料, 2017 (4): 22-26.

[161] 郑震璇. 近红外光谱分析技术在饲料加工行业的应用[J]. 福建农机, 2019 (1): 24-27.

[162] 王利, 孟庆翔, 任丽萍, 等. 近红外光谱快速分析技术及其在动物饲料和产品品质检测中的应用[J]. 光谱学与光谱分析, 2010, 30(6): 1482-1487.

[163] 苏彩珠, 尹平河. NIRS分析技术在饲料品质检测中的应用[J]. 理化检验(化学分册), 2003 (2): 126-129.

[164] 侯若羿. 基于近红外分析技术的老陈醋品质实时检测装置研究[D]. 太原: 中北大学, 2020.

[165] 李宗朋, 王健, 宋全厚, 等. 近红外光谱技术在食品检测与质量控制中的应用[J]. 食品与发酵工业, 2012, 38(8): 125-131.

[166] 余梅, 李尚科, 易智, 等. 近红外光谱技术在辣椒无损检测中的应用研究[J]. 中国果菜, 2020, 40 (5): 85-88.

[167] 陆道礼, 陈斌. 近红外光谱分析技术在调味品中的应用[J]. 中国商办工业, 2002 (10): 45-47.

[168] 蔡伟源, 罗培余. 近红外光谱技术在醋品质分析中的应用[J]. 食品界, 2018, 63(10): 80-81.

[169] 于丽燕, 方如明, 陈斌. 近红外光谱透射法测定酱油的主要成分[J]. 食品科技, 2001, 1(1): 64-65.

[170] 祝诗平, 王刚, 杨飞, 等. 基于近红外光谱的花椒麻味物质快速检测方法[J]. 红外与毫米波学报, 2008, 27(2): 129-132.

[171] 吴习宇, 祝诗平, 黄华, 等. 近红外光谱技术鉴别花椒产地[J]. 光谱学与光谱分析, 2018, 38(1): 68-72.

[172] 古丽君, 林振华, 吴世玉, 等. 近红外光谱结合线性判别分析方法在食醋品牌鉴别中的应用[J]. 食品与发酵工业, 2019, 45(18): 243-247.

[173] 管骁, 刘静, 古方青, 等. 基于NIRS技术的食用醋品牌溯源研究[J]. 光谱学与光谱分析, 2014, 34(9): 2402-2406.

[174] 朱瑶迪. 镇江香醋固态发酵参数的智能在线监测及其分布研究[D]. 镇江: 江苏大学, 2016.

[175] 李代禧, 吴智勇, 徐端钧, 等. 啤酒主要成分的近红外光谱法测定[J]. 分析化学, 2004 (8): 92-95.

[176] 周青梅. 利用近红外光谱法快速检测麦芽总氮和可溶性氮的研究[J]. 啤酒科技, 2013 (8): 34-40.

[177] 周青梅. 近红外分析技术在啤酒行业中的应用[J]. 啤酒科技, 2009 (8): 13-15.

[178] 安岭, 张五九, 赵武善. 啤酒大麦早代筛选技术的研究——利用近红外透射光谱技术评价大麦的品质[J]. 食品与发酵工业, 2001 (3): 30-32.

[179] 周青梅, 陈泽宇. 近红外光谱技术及其在啤酒行业应用的展望[J]. 啤酒科技, 2010 (4): 26-27.

[180] 刘宏欣, 张军, 黄富荣, 等. 近红外光谱法快速测定啤酒的主要品质参数[J]. 光谱学与光谱分析, 2008, 28(2): 313-316.

[181] 孟德素. 近红外光谱技术在啤酒产品检测中的应用进展[J]. 酿酒科技, 2011 (4): 87-89.

[182] 买书魁, 吴镇君, 陈红光, 等. 基于近红外光谱技术的白酒原酒中关键成分的定量分析[J]. 食品与发酵工业, 2018, 44 (11): 284-289.

[183] 吴同, 谭超. 基于近红外光谱技术快速鉴别白酒真伪[J]. 分析化学进展, 2016, 6(1): 1-6.

[184] 李叶丽, 史晓亚, 黄登宇. 快速检测技术在白酒质量检测中的应用现状[J]. 食品安全质量检测学报, 2018, 9(10): 2291-2297.

[185] 田育红, 王凤仙, 吴青. 基于近红外光谱分析技术快速检测白酒中的关键指标[J]. 酿酒, 2019, 46(5): 93-96.

[186] 卢中明, 郑敏, 刘艳, 等. 基于液体样品近红外模型在白酒酒醅分析中的应用[J]. 酿酒, 2019, 46(6): 35-39.

[187] 王秋云, 朱建猛, 胡胜祥, 等. 近红外在酱香白酒酒醅检测中的应用[J]. 酿酒科技, 2019 (10): 91-93.

[188] 朱志强. 近红外光谱在线检测固体产物及环氧树脂固化过程关键方法研究[D]. 北京: 北京化工大

学, 2018.

[189] 颜辉, 梁梦醒, 郭成, 等. 利用在线近红外光谱鉴别雌雄蚕蛹的方法[J]. 蚕业科学, 2018, 44(2): 283-289.

[190] 代芬, 车欣欣, 彭斯冉, 等. 近红外漫透射光谱快速无损鉴别家蚕种茧茧壳内蚕蛹雌雄[J]. 华南农业大学学报, 2018, 39(2): 103-109.

[191] 李路, 黄汉英, 赵思明, 等. 大米蛋白质、脂肪、总糖、水分近红外检测模型研究[J]. 中国粮油学报, 2017, 32(7): 121-126.

[192] 刘亚超, 李永玉, 彭彦昆, 等. 近红外二维相关光谱的掺和大米判别[J]. 光谱学与光谱分析, 2020, 40(5): 1559-1564.

[193] 黄林森, 刘冬, 覃统佳, 等. 近红外定量模型快速测定大米的营养成分[J]. 现代食品科技, 2019, 35(8): 317-324.

[194] 钱丽丽, 宋雪健, 张东杰, 等. 基于近红外光谱技术对多年际建三江、五常大米产地溯源[J]. 食品科学, 2018, 39(16): 321-327.

[195] 何臻, 张柏林, 黄家春. 大米食味品质分析的研究进展[J]. 南方农业, 2017, 11(11): 125-126.

[196] Chao K, Yang C C, Kim M S, et al. High throughput spectral imaging system for wholesomeness inspection of chicken[J]. Applied Engineering in Agriculture, 2008, 24(4): 475-485.

[197] 冯艳春, 肖亭, 胡昌勤. 欧美制药工业中过程控制主要标准和指导原则简介[J]. 中南药学, 2019, 17(9): 1416-1420.

[198] 冯艳春, 胡昌勤. 近红外技术在我国药品流通领域的应用进展[J]. 光谱学与光谱分析, 2014, 34(5): 1222-1228.

[199] 刘伟, 何勇, 吴斌, 等. 过程分析技术(PAT)在原料药生产中的应用[J].分析测试学报, 2020, 39(10): 1239-1246.

[200] 臧恒昌, 臧立轩, 张惠, 等. 近红外光谱分析技术在制药领域中的应用研究进展[J]. 药学研究, 2014, 33(3): 125-128.

[201] Moltgen C V, Puchert T, Menezes J C, et al. A novel in-line NIR spectroscopy application for the monitoring of tablet film coating in an industrial scale process[J]. Talanta, 2012, 92: 26-37.

[202] 沈友清, 徐国栋. 近红外光谱术在体育运动中的应用与展望[J]. 四川体育科学, 2012 (2): 29-32.

[203] 崔威, 李春光, 徐嘉诚, 等. 功能性近红外光谱技术在神经疾病中的应用[J]. 中国康复理论与实践, 2020, 26(7): 771-774.

[204] 孙继成, 马进, 沈超, 等. 近红外光谱技术(NIRS)在人体的应用与展望[J]. 现代生物医学进展, 2016, 16(8): 1594-1597.

[205] 毛建雄, 肖东, 张翅, 等. 近红外光谱技术在新生儿坏死性小肠结肠炎肠道血氧饱和度测定中的研究[J]. 中国优生与遗传杂志, 2019, 27(7): 841-843.

[206] 罗佩施, 庄良鹏, 李志光. 近红外光谱技术检测窒息新生儿脑组织血氧饱和度的临床应用[J]. 广东医学, 2014, 35(11): 1718-1720.

[207] 张志立. 阅读障碍儿童前额皮层的近红外光谱测量[D]. 武汉: 华中科技大学, 2006.

[208] Boas D A, Elwell C E, Ferrari M, et al. Twenty years of functional near-infrared spectroscopy:

introduction for the special issue[J]. Neuroimage, 2014, 85: 1-5.

[209] 刘宝根, 周兢, 李菲菲. 脑功能成像的新方法——功能性近红外光谱技术 (fNIRS) [J]. 心理科学, 2011, 34(4): 943-949.

[210] Sun B, Zhang L, Gong H, et al. Detection of optical neuronal signals in the visual cortex using continuous wave near-infrared spectroscopy[J]. Neuro Image, 2014, 87: 190-198.

[211] 李健桢, 汪仁煌, 李貌, 等. 智能马桶中近红外光尿液分析的方案探讨[J]. 广东工业大学学报, 2005 (3): 91-94.

[212] 吕秀凤, 孟祥, 秦磊, 等. 智能冰箱的健康管理系统[J]. 家电科技, 2019 (5): 74-79.

[213] 宋华玲, 郭雪飞, 谭红琳, 等. 岛状硅酸盐宝石矿物的近红外光谱特征研究[J]. 硅酸盐通报, 2019, 38(11): 3592-3596.

[214] 李帅, 蔺启忠, 刘庆杰, 等. 矿物组分快速定量提取模型及其应用[J]. 光谱学与光谱分析, 2010, 30(5): 1315-1319.

[215] 周延, 修连存, 杨凯, 等. 红外光谱矿物填图技术及其应用[J]. 华东地质, 2019, 40(4): 289-298.

[216] Li C L, Liu D W, Liu B, et al. Chang'E-4 initial spectroscopic identification of lunar far-side mantle-derived materials[J]. Nature, 2019, 569: 378-382.

[217] 林薇, 倪永年. 近红外光谱法结合模式识别方法对不同品牌牙膏进行质量监控[J]. 光谱学与光谱分析, 2011, 31(8): 2106-2108.

[218] 陈晓兰. 近红外光谱技术定量测定润肤水与洗发香波中的有效活性物[D]. 北京: 中国农业大学, 2009.

[219] 徐龙. 基于近红外光谱技术的生物柴油转化率快速测定[D]. 杭州: 浙江大学, 2014.

[220] 孔翠萍, 褚小立, 杜泽学, 等. 红外光谱在生物柴油分析中的研究和应用进展[J]. 现代科学仪器, 2010 (1): 113-117.

[221] 陈爽, 王安平, 王荣, 等. 近红外光谱法应用于酒花主要品质参数的快速分析[J]. 中外酒业•啤酒科技, 2020 (3): 21-25.

[222] Dixit Y, Casado-Gavalda M P, Cama-Moncunill R, et al. Challenges in model development for meat composition using multipoint NIR spectroscopy from at-line to in-line monitoring[J]. Journal of Food Science, 2017, 82(7/8/9): 1557-1562.

[223] Kademi H I, Ulusoy B H, Hecer C. Applications of miniaturized and portable near infrared spectroscopy (NIRS) for inspection and control of meat and meat products[J]. Food Reviews International, 2019, 35(1/2/3/4): 201-220.

[224] Grassi S, Alamprese C. Advances in NIR spectroscopy applied to Process Analytical Technology in food industries[J]. Current Opinion in Food Science, 2018, 22: 17-21.

[225] Vann L, Layfield J B, Sheppard J D. The application of near-infrared spectroscopy in beer fermentation for online monitoring of critical process parameters and their integration into a novel feedforward control strategy[J]. Journal of the Institute of Brewing, 2017, 123(3): 347-360.

[226] 王家宝, 吴雄英, 丁雪梅. 近红外光谱技术在织物智能洗护领域的应用与思考[J]. 家电科技, 2021(2): 64-67.

[227] 李卫军, 覃鸿, 于丽娜, 等. 近红外光谱定性分析原理、技术及应用[M]. 北京: 科学出版社, 2021.

[228] 曹卫星, 程涛, 朱艳, 等. 作物生长光谱监测[M]. 北京: 科学出版社, 2020.

[229] 李江波, 张保华, 樊书祥, 等. 图谱分析技术在农产品质量和安全评估中的应用[M]. 武汉: 武汉大学出版社, 2021.

[230] 朱朝喆. 近红外光谱脑功能成像[M]. 北京: 科学出版社, 2020.

[231] 张玉君, 杨建民, 姚佛军, 等. 多光谱遥感找矿信息提取实用技术 [M]. 北京: 地质出版社, 2014.

第 2 篇

近红外光谱技术的兴起——肉眼看不见的历史

"自然和自然规律隐匿在黑暗之中。上帝说：'让牛顿出生吧！'于是一片光明。"——这是英国著名诗人亚历山大·波普对牛顿的赞颂。光谱最早的研究可以追溯到牛顿1666年所做的光色散实验，这是人类研究光谱的起点。

19世纪的物理学家和化学家，在实验光谱学的建立和发展中立下了卓著功劳。他们进行了开创性的探索，研制了精巧的仪器，相当准确地测定了大量的光谱数据，在光谱分析方面开辟了出人意表的前景。通过光谱学的研究，人们发现了多种前所未知的化学元素，也是通过光谱学的研究，人们对各种天体的物质成分第一次获得了有科学根据的知识。到了19世纪末期和20世纪初，科学家通过光谱学研究，打开了原子的大门，爱因斯坦和玻尔等近代物理学大师别出机杼，在光谱学的发展史上浓墨重彩地大书一笔。

回顾光谱学的发展史是令人激动不已的，这其中一段段跌宕起伏的故事让人百听不厌，它们的启示也是既深刻又发人深省的。

2.1 光谱分析技术的起源

2.1.1　当局者迷——牛顿与光谱不得不说的故事

人类观察到的第一种光谱，无疑是天空中的彩虹，自然界中另一个引人注目的光谱现象是极光。对可见光谱作首次科学研究的是英国科学家牛顿，1665 年秋正当他在剑桥大学工作时，伦敦发生了大瘟疫，学校因而关闭了 18 个月。牛顿回到了伍尔斯托堡的家中，并在其后的一年半中有了三大不朽发现：弄清了太阳光（白光）的组成、创造了微积分、发现了万有引力定律。

1666 年，牛顿让一束太阳光透过一个小孔射进暗室，并将一个玻璃三棱镜放在光束中。他看到在墙壁上出现了一条彩色光带，而在光路中放进一个透镜时，它就能把这些颜色展开成一条 25 厘米长的谱带。他又考察了在色散的光束中放进第二个三棱镜所产生的效果。当两个三棱镜色散相加时，光谱只是变得更长些，而当它们相反时，这些颜色又重新聚合成白光。

一直以来遵循着"日出而作，日落而息"的人们，第一次认识到了习以为常的"光"也是一个神秘的复杂体。随着科学的不断进步与教育的广泛普及，现代的人们早在孩提时代就知道了下雨过后的彩虹并不是"天上神仙的拱桥"，而是光线照射到空气中的水滴形成反射和折射后产生的。

牛顿三棱镜实验

1672 年，他在《哲学学报》上，用题为"关于光和颜色的新理论"发表了上述研究报告。这是他的第一篇科学论文，也是整个时代最为著名的论文之一。在这篇论文中，牛顿首次采用了"Spectrum"（光谱）这个词。他之所以采用这个词，是因为棱镜稍被移动时，彩色光带就跳来跳去，其样子使他联想到了"Spectres"（幽灵）。因此，光谱学在这一种意义上，可说是对"幽灵"的研究。

光谱的发现是物理学最原始的发现之一，它衍生出了很多研究，原子结构的研究就是从光谱开始的。光的波粒二象性、电磁波理论、微观的量子力学等也都与光谱有着千丝万缕的联系。

2.1.2 千古疑团——无法解释的夫琅和费谱线

1814 年，德国物理学家夫琅和费（Fraunhofer）自制了光谱装置，重复牛顿的色散实验。他让光线透过一个狭缝而非小孔进行成像，为了把光谱观察得更清楚，还用凸透镜做了一个窥管。

夫琅和费研究了多种灯光的光谱，他本来想找一种只发出一种颜色光的光源，这个目的没有达到，却发现了另外一些更重要的现象。他发现几乎所有灯的光谱带上都有两条极其明亮的黄线，宽窄和狭缝一个样。不管怎样移动三棱镜的位置，转动窥管里的透镜，两条明亮的黄线依然存在。

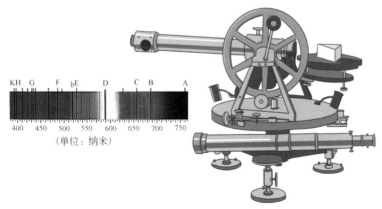

夫琅和费制作的简易光谱仪及太阳的夫朗和费谱线

1821 年，夫琅和费首次采用光栅作为分光器件，使太阳光形成了更精细的光谱。夫琅和费制作的光栅是在铜框内平行地安装了许多 0.04 ～ 0.6 毫米粗的银线（每厘米有 136 条银线），银线之间有 0.0528～0.6866 毫米的狭缝，一个光栅可以有上万条狭缝，所以它能够把不同波长的光分得更开。他本想在太阳的光谱中找那两条明亮的黄线，却发现不仅没有黄线，太阳光谱中有许多黑线。黑线有500 多条，有的深些，有的浅些。他给那些最深、最清楚的黑线，用 A、B、C、D、E 等编了号，这些暗线后来被称为夫琅和费谱线。

经过仔细观察，夫琅和费发现灯光光谱中的那两条亮黄线，恰好落在太阳光谱中编号为 D 的那两条深黑线上。在随后的五十年里，有不少科学家做了类似的实验。他们分析了各种光源，十之八九要出现这两条亮黄线。他们又研究太阳光谱，找到了更多的黑线。但是他们与夫琅和费一样，都无法解释这些暗线产生的原因。

2.1.3 烈火雄心——需要物理学家帮忙的本生灯与焰色试验

本生是德国人，1854 年，本生发明了一种新式的煤气灯，可以很方便地调节火焰的大小和温度。现在的化学实验室中还在使用这种灯，大家管它叫本生灯。这种喷灯正常燃烧时产生稳定的热和微弱的光，而不会形成明亮的光谱背景。

本生灯燃烧得最好的时候，温度能达到 2300℃，火焰几乎没有颜色。有时候灯没有调节好，火焰会缩到灯管里去，铜制的灯管烧红了，火焰就变成了蓝绿色。而在灯上弯玻璃管的时候，玻璃管烧红了，火焰又变成黄色。这些现象引起了本生的注意。他开始研究各种物质在灯上烧的时候，焰色会发生什么变化。

其实这之前人们就注意到了，有些化合物燃烧能使火焰呈现不同的颜色。我国南北朝时期著名的炼丹家和医药大师陶弘景就在他的《本草经集注》中写道："以火烧之，紫青烟起，云是真硝石（硝酸钾）也。"这说明我国人民很早就知道用焰色反应鉴别硝酸钾。1758 年，德国化学家马格拉夫也已经知道钠盐能使火焰呈黄色，钾盐使火焰呈紫色，并用以鉴别矿物碱（Na_2CO_3）和植物碱（K_2CO_3）。

本生用白金镊子夹了一粒普通的食盐，放到火焰中烧，火焰立刻变成亮黄色，同时闻到呛人的氯气的气味——是高温把食盐（氯化钠）分解了。但是火焰为什么变黄呢？是氯的作用还是钠的作用呢？

为了搞清楚这个问题，本生选用了一些不含氯而含钠的化合物，例如纯碱（碳酸钠）和芒硝（硫酸钠）来做试验。如果这些物质也能使火焰变黄，就可以证明是钠起了作用。

结果正是这样，纯碱和芒硝一放到火焰中，火焰立刻变黄了。最后，本生把金属钠放在火焰中烧，火焰也立刻变成亮黄色。这个决定性的实验，证实了使火焰变黄的确实是钠。

接着本生把实验室中所有的化学药品和金属，都一一做了试验。发现，钾和钾的各种化合物使火焰变紫，而钡是绿色火焰，钙是砖红色火焰，锶是亮红色火焰，等等。

本生很高兴，因为他相信他已经发明了一种新的化学分析方法。这种方法不需要复杂的设备，操作又非常简单，只要把需要分析的物质放在灯上烧一烧，看一下火焰的颜色，就能知道它含有什么金属。

但是对于混合物怎么办呢，因为需要分析的物质不一定都是纯化合物。本生做了一些混合物的焰色试验，结果出现了这样的情况：钠盐溶液——黄色火焰，混有钾盐的钠盐溶液——黄色火焰，混有锂盐的钠盐溶液——黄色火焰。

钠的黄色光太亮了，遮盖了钾的紫色光和锂的红色光。本生没有灰心，他找来了各种不同颜色的玻璃片（滤光片），透过有色玻璃去观察火焰。一块深蓝色的玻璃可以吸收掉钠的黄色光，透过蓝玻璃，看出了混在钠盐中的钾盐的紫色光，看出了混在钠盐中的锂盐的红色光。这些滤光片在一定程度上帮了大忙。

但是问题并没有彻底解决。一种未知物质的溶液，能使火焰变成深红色。锂盐和锶盐都发出深红色，本生找了各种颜色的玻璃，想用来区别两种深红色的火焰，但是他失败了。

就在这困难的时候，物理学家来帮忙了。

2.1.4 开天辟地——光谱分析方法的创立

本生在海德堡大学有个朋友叫基尔霍夫，是位物理学教授。1859 年，本生在实验室中做焰色试验已经快一年了。这一天，本生跟基尔霍夫一起散步，他详细地讲了自己的实验和碰到的困难。

基尔霍夫对物理学十分精通，分辨火焰的颜色让他立刻想起了牛顿首先研究过太阳光，用三棱镜把太阳光分成红、橙、黄、绿、蓝、靛、紫七种颜色。他也想起了已经去世 30 多年的德国光学专家夫琅和费，夫琅和费在 45 年前自己磨制了石英的三棱镜，详细研究了太阳光和各种灯光的光谱。

基尔霍夫不但对夫琅和费的实验了解得很清楚，而且连夫琅和费亲手磨制的那块三棱镜，还保存在自己的实验室中。基尔霍夫对本生说："我们应当换一个方法试试。那就是不要直接观察火焰的颜色，而应该去观察火焰的光谱。这就可以把各种颜色清清楚楚地区别开了。"

基尔霍夫在实验室组装了一台简单的仪器。他在雪茄烟盒内糊上了一层黑纸，把三棱镜安装在烟盒中间。在对着三棱镜的两个面的位置上，把烟盒开了两个洞：一个洞装上望远镜的目镜，这是夫琅和费的窥管；另一个洞装上望远镜的另外半截，物镜在盒内对着三棱镜，朝外的筒口上盖着那开有细缝的圆铁片，这叫平行光管。各部分都固定了，烟盒盖上了，世界上第一台"分光镜"就装配好了。这台仪器几乎包括了现代光谱仪的全部基本特征。正是用这套简单的仪器，他们完成了伟大的科学发现。

基尔霍夫先让太阳光射在平行光管的细缝上。在窥管中，他看到清晰的太阳光谱，还有那一条条黑色的夫琅和费线。仪器检查完毕，黑窗帘拉上了，本生点着了煤气灯，基尔霍夫把平行光管对准了煤气灯的火焰，实验开始了。

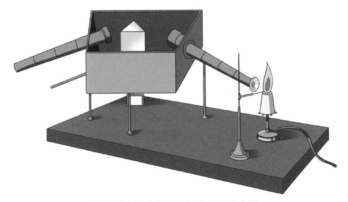

基尔霍夫和本生制作的光谱仪示意图

第一个实验就是食盐（氯化钠）。本生用白金丝蘸了一粒食盐在灯上烧，火焰立刻变成黄色。基尔霍夫把眼睛凑到窥管口上，两条黄线靠在一起，背景是黑的，只有两条黄线。本生重复了他一年前的实验。苏打、芒硝、硝酸钠，各种钠盐都试过了，结果都一样，黑的背景上有两条靠在一起的黄线，而且位置也不改变。毫无疑问，这两条黄线就是钠的谱线。

实验在继续。所有的锂盐都产生一条明亮的红线和一条较暗的橙线。所有的锶盐都产生一条明亮的蓝线和几条红线、橙线和黄线。总之，每种元素都产生几条特有的谱线，这些谱线都有固定的位置。

最后，本生用白金丝把混合的盐送到火焰中去，火焰立刻变成亮黄色。基尔霍夫在分光镜前仔细观察，通过光谱他告诉本生，这个溶液中含有钠盐、钾盐、锂盐和锶盐。因为光谱显示得十分清楚：两条靠在一起的亮黄线是钠的；那条紫线是钾的；红线是锂的；属于锶的那条蓝线也很清楚。这使本生兴奋至极，其结果与他配制溶液的成分完全一致。

他们创立了一种新的化学分析方法——光谱分析法，可以说光谱分析方法是从原子发射光谱开始的。

实验室中基尔霍夫和本生夜以继日地工作，编制了各种已知元素的光谱表。凡是能到手的东西，他们都要放到灯上去烧一烧，看一看光谱，分析里面含有哪些元素。光谱分析法非常灵敏，只要1毫克的三百万分之一的钠，送到火焰里，在光谱中就能看到钠的黄线。只要用手指摸一下白金丝，就可以烧出黄线，因为汗水中就有氯化钠。

更重要的是他们用光谱分析方法，在一种矿泉水中发现了新元素铯；在一种云母矿中又发现了另一种新元素铷。铯和铷的发现，是光谱分析的一个大胜利！

光谱分析这种新方法很快就推广了，不少工厂成批地制造分光镜和光谱仪。现在，任何一个大的化验室中都有光谱仪，不仅能分析物质的组成，还能测定其中各种元素的含量。而各种光谱仪的老祖宗，就是基尔霍夫和本生装配的那台简陋的分光镜。

2.1.5　并驾齐驱——光谱与太阳元素

光谱线不仅是进入原子内部微观世界的向导，还是通向外部宇宙世界的先导。诺贝尔化学奖获得者德国科学家奥斯瓦尔德曾说："往一盏寻常的酒精灯的灯芯上撒上盐，它就迸发出黄色的火焰。从这火焰中，有可能对最遥远的星星进行化学分析。"

在本生忙于分析各种物质光谱的时候，基尔霍夫却总想着夫琅和费观察到的黑线，为什么太阳光谱的两条黑线，恰好与钠的两条黄线位置重合呢？难道太阳上缺少钠吗?

　　基尔霍夫开始研究这个问题，他先用分光镜看太阳的光谱，记住了 D 线的位置，然后遮住阳光，点燃了本生灯，在灯上烧起钠盐。果然，钠的两条亮黄线正好出现在太阳光谱的 D 线的位置上。接着，他让太阳光和烧钠的灯光同时射入分光镜，想看看钠的亮黄线能不能把太阳光谱的黑线补起来。但是出乎意料，在分光镜中，他看到太阳光谱中的两条 D 线不但没有亮起来，反而变得更黑了。

　　然后，基尔霍夫不用太阳光，换用了石灰光。用温度很高的氢氧焰去烧石灰，石灰会发出耀眼的白光，石灰光的光谱是连成一片的，没有特别亮的线，也没有夫琅和费黑线。基尔霍夫在石灰光和分光镜中间放上本生灯，烧起钠盐。石灰光的连续光谱上出现了两条黑线，正好在太阳光谱的 D 线的位置上。换一种盐试试，又出现了新的黑线，其位置和这种盐的谱线的位置一样。

　　基尔霍夫彻底把这个问题想清楚了，太阳上不是没有钠，而是有钠。太阳中心的温度极高，发出来的光本来是连续光谱。但是太阳外围的气体温度比较低，在这外围气体中有什么元素，就会把连续光谱中的相应的谱线吸收掉，这是典型的原子吸收光谱。

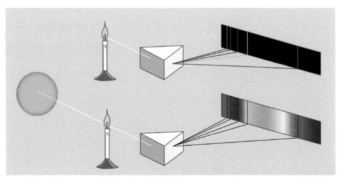

原子发射和原子吸收光谱示意图

　　本生和基尔霍夫又用铁做了实验。铁的光谱有 60 多条亮线，而在太阳光谱中，这 60 多条亮线的位置上正好有 60 多条夫琅和费线。这说明：太阳上有铁。1859 年 10 月 20 日，基尔霍夫向柏林科学院报告了他的发现。他根据太阳光谱中夫琅和费线的位置，证明太阳上有氢、钠、铁、钙、镍等元素。随后，1868 年，利用光谱分析方法，科学家还在太阳上发现了新元素氦，直到 27 年后（1895 年）才在地球上发现氦的存在。

自此以后，光谱分析不仅化学家经常使用，也成为天文学家的有力手段。天文学家利用光谱，不断地揭露遥远星球的秘密。就这样，物理学家帮助化学家解决了化学的难题，化学家帮助物理学家解决了物理学的难题，他们还共同解决了天文学的难题。

2.1.6　压卷之作——第三位小数的胜利

夜幕降临，四野沉沉。大街上却依然灯光闪耀霓虹璀璨，夜晚的城市仍然在尽情地抛洒活力热情。深夜中维系人类活力与激情的霓虹灯光，却始于被称为惰性气体的懒惰家伙。这些气体被冠以惰性之名，有着时代的误解，后续的研究证明他们并不是那么懒惰不参与化学反应。它们还有另一个名称——稀有气体，寻找它们殊为不易，科学家们把目光投向小数点后第三位数字，方才发现他们的踪迹。

英国物理学家瑞利勋爵（Lord Rayleigh）是卡文迪许实验室的第二任主任，在他的带领下，卡文迪许实验室发展为世界著名的科学中心。自1882年测量氢气和氧气密度开始，瑞利一直投身于气体密度测量工作。在他的实验室里有当时最精密的天平，灵敏度达到万分之一克（0.0001克）。

空气中最大的组分便是氮气，对于它的密度测量，瑞利尤其上心。当时有两种主流的氮气制取方法：一种是物理法从液态空气中分馏；一种是化学法用亚硝酸铵制得。两种方法得到的氮气密度几乎一致，差别在小数点后第三位，只有千分之几。这种程度的差别在寻常人眼中似乎微不足道，但是一向严谨的瑞利认为这个差异远远超出了实验误差范围。其中一定有未知的因素，但究竟是什么呢？瑞利提出过几个假设，但验证结果都不能让人信服。

1892年，瑞利在《自然》杂志上刊登了一封信，就这个问题广泛征求建议，但两年过去，并没有收到任何应答。1894年4月的一天，瑞利在英国皇家学会上作了报告，详细地介绍了他的实验结果。报告收获颇丰，不仅得到了物理学家杜瓦的重要建议，还找到了此生最重要的合作伙伴——化学家拉姆塞。

杜瓦告诉瑞利，英国科学家老前辈卡文迪许在一个世纪前曾做过一个实验：在玻璃容器中充入空气和过量氧气的混合物，放入电火花装置使其中的氮气和氧气发生氧化反应，并用苛性碱吸收产生的氮氧化物。实验结果出乎卡文迪许的意料，不论化合过程延续多久，总有一个小气泡不能被氧化，其体积不超过全部空气的 1/120。

拉姆塞找到瑞利，希望与瑞利合作研究这一问题。他认为造成空气来源氮气密度比化学来源的氮气密度大一点的原因，在于空气中的氮气含有较重的杂质，一种未知的气体。于是，物理学家与化学家又一次联手，共同解决科学上的难题。

基于卡文迪许的实验和拉姆塞的猜想，瑞利和拉姆塞进行了多次实验，用以证明"化学制取氮气"和"空气分离氮气"并不相同。他们先把"化学制取氮气"与镁一起加热，或与氧混合通以电火花，并且用"空气分离氮气"进行同样的试验。对两者进行对照，结果证明前者制得的氮是纯氮，而后者不是纯氮，从空气中得到的氮气中混有少量密度为每升 1.9086 克的未知气体。

为了进一步确定未知气体的成分，瑞利和拉姆塞用光谱仪对新气体进行光谱分析，发现有橙色和绿色的新谱线，这区别于所有已知气体元素的光谱。他们又委托光谱分析权威英国的克鲁克斯协助，很快克鲁克斯确证了未知气体为一种新元素。就这样，物理学家与化学家合作，又取得了惊人的发现。

1894 年 8 月 13 日，瑞利和拉姆塞在英国科学促进会上宣布，发现了一种新元素氩 (Argon)，即"懒惰"的意思，因其难以与其他物质发生化学反应得名。他们还测定出氩在空气中含量为 0.93%，这与卡文迪许的实验结果基本吻合。拉姆塞发现氩以后，经过不懈的努力，又相继发现了氦、氖、氪、氙和氡等惰性气体。

1904 年，瑞利因发现稀有元素"氩"和在气体密度精确测量方面所做出的贡献，获得了诺贝尔物理学奖。同年，拉姆塞因发现氦、氖、氩、氪、氙等气态惰性元素，并确定了它们在元素周期表中的位置，获得了诺贝尔化学奖。

19 世纪末期的学术界依然硕果累累。靠着严谨的精神，科学家以勤劳唤醒了"懒惰者"；依赖精密的仪器，科学家找出了躲藏在小数点后第三位深处的"稀有物"。

2.1.7　相辅相成——光谱与光谱学

人类的五感并不足以直接观测微观世界，所幸借助科学工具，我们仍能对其进行窥探。光谱学（Spectroscopy）通过物质与不同频率（或波长）的电磁波之间的相互作用来研究其性质，它是研究构成物质的微观粒子（原子或分子）的一种重要手段。但是，在光的作用下并不是直接观察到微观粒子这个"躯体"，而是观察到它的"灵魂",即光与不同自由度的微观粒子之间的相互作用。这种相互作用会给出不同的"像",它随光的频率和微观粒子而变化,这就是光谱(Spectrum)。

光谱学是一种通用的基础科学研究方法,它可以用于提取所需要的诸如电子能级、分子振动态和转动态、粒子结构和对称性、跃迁概率等信息,这些信息对物理学、化学、天文学等领域的微观粒子研究极其重要。光谱学也是一种实用的应用工具,它可以用于环境监测、工业检测、临床医学等诸多领域。

光谱是按照频率的大小顺序排列的电磁辐射强度图案,它反映了一个物理系统的能级结构状况。通常可用一维曲线表示光谱,纵坐标是辐射强度(I)、吸光度[$-\lg(I/I_0)$]、透射率(I/I_0)或反射率,横坐标是频率(v)、波数(Wavenumber)、波长(Wavelength)或能量(ΔE)。在光谱图中有用的特征是峰,包括峰的位置、峰的半宽度和峰的强度。峰通常由微观粒子在两个能级之间跃迁形成,能级跃迁就是在光与物质的作用过程中发生的。

不同频率的光与物质相互作用后所形成的光谱是不同的,它们分别反映了微观粒子的不同特性,通常按照频率的大小,将电磁波分成 γ 射线、X 射线、紫外光、可见光、近红外光、中红外光、微波和无线电波等区域。其中,γ 射线由原子核能级之间跃迁引起,可见光和紫外光由外层电子能级之间跃迁引起,近红外光和中红外光由分子振动能级之间的跃迁引起,远红外光兼由振动跃迁和转动跃迁引起,以振动跃迁为主。微波主要由分子转动能级之间的跃迁引起,无线电波主要由原子核自旋能级之间的跃迁引起。

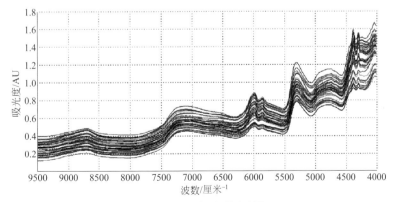

一组样品典型的近红外光谱图

　　分析化学中的光谱方法是基于物质与辐射能作用时，测量由物质内部发生量子化的能级之间的跃迁而产生的发射、吸收或散射辐射的波长和强度进行分析的方法。光谱分析方法可分为原子光谱和分子光谱。

　　原子光谱是由原子外层或内层电子能级的变化产生的，没有叠加分子振动和转动能级跃迁，发射或吸收的是一些频率（或波长）不连续的辐射，它的表现形式为线光谱，如原子发射光谱法、原子吸收光谱法、原子荧光光谱法以及 X 射线荧光光谱法等。分子光谱是由分子中电子能级、振动和转动能级的变化产生的，表现形式为带光谱。属于这类分析方法的有紫外 - 可见分光光度法、近红外光谱法、红外光谱法、分子荧光光谱法和分子磷光光谱法等。

2.2.1 拨云见日——"两朵小乌云"

时间步入 19 世纪末，经典物理进入黄金时代。一座辉煌巍峨的经典物理大厦已然竣工，砖石巨柱皆是凝固的人类智慧。大厦的建造肇始于 17 世纪中叶，伽利略将实验引进了物理，为它打下坚实的地基；牛顿爵士一本《自然哲学的数学原理》开创了以数学为语言的研究范式；经典力学、经典电动力学和经典热力学，构成了经典物理学的三大支柱。

这是最好的时代。现在，"普天之下莫非王土，率土之滨莫非王臣"，经典物理的荣光照耀之处，声光力热，尽皆匍匐。三条牛顿定律，牵引着群星的轨迹；四行麦克斯韦方程组，谱写光电的旋律；热力学三大定律，指挥着嘈杂的分子运动。这是伟大而荣光的时刻，人类此刻，几近闻道。

这是最坏的时代。盛宴已过，群鸦喑喑。当新生的少年决定投身物理，前辈教授进行了劝退："这门学科中的一切都已经被研究了，只剩些琐碎的空白需要被填补。""我并不期望能发现新的大陆，只希望理解业已存在的物理学，或许能将其加深吧。"少年普朗克如是说。

时间仍在前行，步入了 20 世纪。1900 年 4 月 27 日，大英帝国的心脏——伦敦，这座城市一如既往有些阴郁，天空飘着些灰色的云朵，街道上穿行着马车、绅士、贵妇人，生活一切如常。然而无人知晓，在阿尔伯马尔街皇家研究所内，正于无声处孕育着惊雷。威廉·汤姆森（William Thomson），即后来人们熟知的第一代开尔文男爵，在此发表了他的演讲《在热和光动力理论上空的 19 世纪乌云》，演讲的开篇，他这么说道："动力学理论断言，热和光都是一种运动的模式。但现在这一理论的优美性和明晰性却被两朵乌云所遮蔽了。"

这"两朵乌云"：一朵是经典物理在光"以太"检测上遇到的挫败，一朵指黑体辐射效应研究中遇到的挫败。开尔文男爵提及它们的时候，有着十分乐观的期待，认为这不过是万里晴空中不起眼的两个小瑕疵。然而一语成谶，谁也没曾想到，乌云表面平静，内里却束缚着狂暴的雷电风雨，而这被束缚的伟力，终将席卷那看似坚固宏伟的经典物理大厦，把千万被其庇佑的物理学家重新赶到残酷的荒野。两朵乌云，第一朵最终导致了相对论革命的爆发，第二朵最终导致了量子论革命的爆发。

19 世纪末物理学阳光灿烂的天空中飘浮着"两朵小乌云"

让我们把目光集中在第二朵乌云上。大约是在 1894 年，马克斯·普朗克（Max Planck），那个当初被劝退的少年如愿成为了一名物理学家，此刻正把心力全部放在黑体辐射问题研究上。大家都知道，一个物体之所以看上去是白色的，那是因为它反射所有频率的光波；反之，如果看上去是黑色的，那是因为它吸收了所有频率的光波。物理上定义的"黑体"，指的是那些可以吸收全部外来辐射的物体，比如一个空心的球体，内壁涂上吸收辐射的涂料，外壁上开一个小孔。那么，因为从小孔射进球体的光线无法反射出来，这个小孔看上去就是绝对黑色的，即是我们定义的"黑体"。

黑体辐射问题于 1859 年由基尔霍夫提出，他试图找到一个描述黑体在热力学平衡下的电磁辐射功率与辐射频率和黑体温度的关系。直到 19 世纪末，基于经典统计物理学对于黑体辐射的研究依然陷于困局：当时的物理界对于光究竟是一种波还是一种粒子仍处于长久的争论中。如果从类波的角度去推导，就得到只适用于长波的瑞利 - 金斯公式。如果从经典粒子的角度出发去推导，就得到只适用于短波的维恩公式。当时还未能找到一个能够成功描述整个实验曲线的黑体辐射公式。

理论推导这条路暂时走不通，面对满桌的草稿纸和零落的头发，已经在这个问题上空耗了 6 年的普朗克决定先忘掉理论推导，好歹先凑出一个可以用的公式。于是利用数学上的内插法，普朗克在维恩公式和瑞利 - 金斯公式基础上，居然获得一个可以很好地描述测量结果的纯粹经验公式。先上车，后补票，虽然这是一个拼凑出来的公式，但良好的效果背后，一定隐藏着正确的物理图像。接下来的 1900 年，普朗克再次投入到理论推导之中。再一次，抉择摆在了面前，普朗克发现如果要使得方程成立，就必须做一个假定，假设能量不是连续的，而是分成一份一份的。

世界难道不该是连续的吗？时间从第 0 秒流逝到第 1 秒，无论你说任何一个介于 0 和 1 之间的数字 t，必然有一刻时间正好等于 t；空间从第 0 米运动到第 1 米，无论你说任何一个介于 0 和 1 之间的数字 d，必然有一刻位置正好等于 d。天经地义，直觉，极限思想，微积分的应用，无一不基于一个连续平滑的世界观。甚至只是基于纯粹哲学上的期望，我们的世界难道不应该是完美无缺的吗？然而现在，为了自己的公式，普朗克居然要打破世界的完美，这简直是大逆不道！

普朗克讨厌这个假设，然后又不得不接受它，潘多拉的魔盒被打开，世界的连续性已被打破。那么，这个最小的一份是多少呢？从普朗克的方程里可以容易地推算，它等于 $6.62607015 \times 10^{-34}$ 焦·秒，这个值，现在已经成为了自然科学中最为重要的常数之一，称为"普朗克常数"，用 h 来表示。这个单位相当地小，也就是说量子非常地小，由它们组成的能量自然也十分"细密"，以至于我们通常看起来，它就好像是连续的一样。普朗克常数就像希腊神话中的英雄普罗米修斯从天上引来的一粒火种，使人们从传统思想的束缚下获得解放。普朗克常数、万有引力常量和光速成为物理学最基础的常数。

2.2.2　无心插柳——意外获得诺奖的迈克尔逊干涉仪

水火气土四元素说作为朴素的唯物思想，在古代西方世界广泛流行，在四元素之外，古希腊哲学家亚里士多德设想世界上还存在着第五元素"以太"。自"以太"学说提出以来，一直就有着别样的魔力，人们从未确定"以太"的对应实体，它的内涵随着历史的发展而不断变化。19 世纪，关于光的本质，科学家们就粒子说和波动说争执不下。波动说的支持者们，套用机械波的概念，认为作为波动的光也必然有其传播介质，为此他们从故纸堆中再次翻出"以太"学说。许多物理学家假设"以太"无处不在，构成一个绝对惯性系，是光的传播介质。

为了证明"以太"存在，物理学家们需要设计出严格的实验来验证。如果存在作为绝对惯性系的"以太"，那么光在"以太"中的传播服从伽利略速度叠加原理。我们立足的地球以每秒 30 千米的速度绕太阳公转，那么可以推测，在地球相对光源运动方向的光速，应该大于相对运动垂直方向测量的光速。

美国物理学家迈克尔逊计划用光的干涉方法测量不同方向的光速差值，为此他于 1881 年与莫雷合作，设计制造出迈克尔逊干涉仪。使用该仪器，一束入射光经过分光镜分为两束后各自被对应的平面镜反射回来，因为这两束光频率相同、振动方向相同且相位差恒定，所以能够发生干涉。

他们使用这种干涉仪于 1887 年进行了著名的迈克尔逊 - 莫雷实验，却发现光速在不同惯性系和不同方向上都是相同的，实验结果出乎意料，反而否定了"以太"的存在。该实验证明了光速不变原理，为狭义相对论的基本假设提供了实验依据，在物理学发展史上占有十分重要的地位。

迈克尔逊和莫雷测定"以太漂移速度"的实验虽然"失败"了，但却创造了一种精密度可达四亿分之一的测长仪器。迈克尔逊因在"精密光学仪器和用这些仪器进行光谱学的基本量度"研究工作中的卓著成绩，荣获 1907 年诺贝尔物理学奖。

如今，迈克尔逊干涉仪广泛应用于红外光谱仪器和近红外光谱仪器中，成为主要的分光器件。除此之外，由于干涉仪能够非常精确地测量干涉中的光程差，在当今的引力波探测中也得到了相当广泛的应用。激光干涉引力波天文台（LIGO）等诸多地面激光干涉引力波探测器的基本原理就是通过迈克尔逊干涉仪来测量由引力波引起的激光的光程变化。

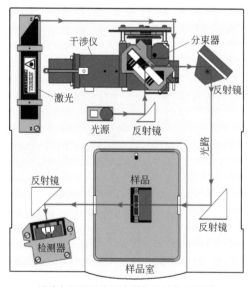

迈克尔逊干涉仪型光谱仪的结构示意图

基于迈克尔逊干涉仪的激光干涉引力波天文台（LIGO）

2.2.3 顺理成章——光的波粒二象性

光一直被认为是物理学最基础的物质之一，关于它的本质，波动说与微粒说之争旷日持久。这场论战初始于笛卡尔提出的两种假说，终结于爱因斯坦提出的"光的波粒二象性"。

17世纪初，笛卡尔在他的《方法论》中提出了两种假说：假说一认为，光是类似于微粒的一种物质；假说二认为，光是一种以"以太"为媒介的压力。正是这两个假说，开启了旷日持久的波粒之争。

从17世纪到20世纪，双方的争论延续了三百多年。格里马第、胡克、牛顿、惠更斯、托马斯·杨、菲涅尔……其间无数科学名宿涉身其中，成为这一论战的辩手。一众物理学家，为各自的阵营提供理论和实验的依据，两种学说的地位此起彼伏，各领风骚，最终在矛盾中走向统一。

光的波粒二象性

　　1905 年 3 月，为了解释光电效应，爱因斯坦在德国《物理年报》上发表了题为《关于光的产生和转化的一个推测性观点》的论文，他认为对于时间的平均值，光表现为波动；对于时间的瞬间值，光表现为粒子性。这是历史上第一次揭示微观客体波动性和粒子性的统一，即波粒二象性。

　　爱因斯坦在普朗克能量子论的基础上提出了光的量子学说，成功解决了经典物理学无法解释的光电效应，因此获得了 1921 年的诺贝尔物理学奖。同普朗克的能量子一样，每个光量子的能量也遵循公式 $E=h\nu$。这一理论最终得到了学术界的广泛接受，并为后来量子力学的建立奠定了基础。

　　其后随着量子力学的发展，海森堡和薛定谔分别从光的粒子假说和波动假说出发，推导出矩阵力学和波函数方程。两种方法虽然出发点完全不同，但都可以精确定量描述光的行为，后来更被证明了两者数学上的等价性。至此，粒子性和波动性被统一在同一个理论模型里，为长达三百多年的争论画上了完美的句号。

2.2.4　殊途同归——氢原子光谱与原子结构

　　光谱分析法发明以来，通过不断的实验，人们积累了大量元素的原子吸收光谱。新技术的应用让人类对微观世界有了更深的了解，然而此时科学家对于光谱分析却是知其然不知其所以然，这些谱线呈现什么规律以及为什么会有这些规律，仍然是一个大难题。

　　从 19 世纪中叶起，氢原子光谱便是光谱学研究的重中之重，但即使简单如氢原子，人们依旧没有弄清楚其结构与谱线之间的关系。氢原子发射光谱的实验和理论研究在光谱学史和近代物理学史中都占有重要的地位，在试图解释氢原子光谱的过程中，得到的各项成就对量子力学的建立起了很大促进作用。

早在 1885 年，瑞士数学家巴耳末（J. J. Balmer）在观察星体的氢元素光谱时发现了一个规律，即这些谱线的波长关系可以唯象地表达为一个简单的经验公式，即巴耳末公式：

$$\frac{1}{\lambda} = R\left(\frac{1}{2^2} - \frac{1}{n^2}\right) \qquad n = 3,4,5,\cdots$$

式中，λ 为光谱的波长，m；R 为里德伯（Rydberg）常数。

巴耳末公式的提出让大家找到了定量描述光谱谱线的希望，大家争相试探寻找各元素的光谱规律，不久就有所收获。一些更复杂的、适用于其他元素光谱的公式，例如里德堡公式。然而所有这些公式都是凭借实验数据的分析得到的经验公式，没有任何的理论依据，要说明为什么某种原子会发出特征光谱，还需要推测出原子内部的结构构造。

早期典型的原子模型由英国科学家汤姆逊于 1904 年提出，被形象地称为"葡萄干布丁"模型。在该模型的描述中，原子是球体，带正电的物质在其中均匀分布；在球内或球面上，带负电的电子一颗颗地镶嵌在一个个同心环上，这些电子在它们的平衡位置上作简谐振动因而发出不同频率的光波。然而在 1909 年，英国物理学家卢瑟福设计的 α 粒子散射实验推翻了汤姆逊的原子模型。该实验结果表明，原子的几乎全部质量和正电荷都集中在原子中心的一个很小的区域内。

根据 α 粒子散射实验结果，卢瑟福在 1911 年提出了原子的核式结构模型：在这个模型里，原子中的电子像太阳系的行星围绕太阳公转一样围绕着原子核旋转。但是根据经典电磁理论，这样的电子会发射出连续的电磁辐射，并不能解释离散的光谱谱线。并且电子会因此一直损失能量，以至瞬间坍缩到原子核里，这与实际情况不符，卢瑟福无法解释这个矛盾。

1913 年，在卢瑟福模型的基础上，丹麦物理学家玻尔受巴耳末公式的启发，提出新的原子模型。玻尔的原子模型有三条理论假设：能级定态假设、轨道量子化假设、跃迁假设。氢原子的核外电子在轨道上运行时具有一定的、不变的能量，不会释放能量，这种状态被称为定态。能量最低的定态叫作基态；能量高于基态的定态叫作激发态。电子吸收光子就会跃迁到能量较高的激发态，反过来，激发态的电子会放出光子，返回基态或能量较低的激发态；电子在能量不同的轨道之间跃迁时，原子才会吸收或放出能量。处于激发态的电子不稳定，可以跃迁到离核较近的轨道上，同时释放出光能。释放出光能（光的频率）的大小决定于两轨道之间的能量差，其关系式为：

$$\Delta E = E_2 - E_1 = h\nu$$

玻尔理论成功地解释了氢原子和类氢原子的光谱现象。氢原子在正常状态时，核外电子处于能量最低的基态，在该状态下运动的电子既不吸收能量，也不放出能量，电子的能量不会减少，因而不会落到原子核上，原子不会毁灭。当氢原子从外界获得能量时，电子就会跃迁到能量较高的激发态，处于激发态的电子不稳定，就会自发地跃迁回能量较低的轨道，同时将能量以光的形式发射出来。由于两个轨道即两个能级间的能量差是确定的，且轨道的能量是不连续的，所以发射出光的频率有确定值，而且是不连续的，因此得到的氢原子光谱是线状光谱。这一理论合理地解释了所观察到的氢光谱，标志着人们在了解光与物质之间的相互作用上向前迈进了重要的一步。1922年，由于对原子结构理论的重大贡献，玻尔获得了诺贝尔物理学奖。

但是，玻尔的原子模型仅仅在单电子原子上获得了成功，对于多电子原子的光谱依然无能为力。根源在于，玻尔理论虽然引用了普朗克的量子化概念，却没有跳出经典力学的范畴。而电子的运动并不遵循经典物理学的力学定律，而是具有微观粒子所特有的规律性即波粒二象性，这种特殊的规律性是玻尔在当时还没有认识到的，而真正令人满意的原子光谱谱线解释要归因于20世纪发展起来的量子力学。

2.3.1 一步之遥——红外光的意外发现

红外光谱的历史，再一次地，始于我们头顶的星空。1781
年，英国科学家赫歇尔（F. W. Herschel，1739—1822）通过自
制的天文望远镜进行观察，他认为之前肉眼观察条件下长期被
当作恒星的一个星体应该是彗星。随后在同行的参与探讨下，
这个新星体被正名为一颗行星，并于1782年被命名为天王星。
赫歇尔制作了400多个望远镜提供给广大天文爱好者使用，其
中有些人抱怨透过望远镜观测星体会灼痛眼睛，这个现象引起
了赫歇尔的注意，开始对太阳光线的热效应产生兴趣。

英国科学家赫歇尔（F. W. Herschel）及其实验示意图

1800年，在牛顿分光实验的基础上，赫歇尔设计了一套
装置，用温度计逐一测量不同色散颜色光的热量，结果是从紫
到红，光线的热量逐渐升高。然而收获并未止步于此，在偶然
情况下，赫歇尔发现在红光之外的暗区竟然也有热效应，并且
强度更大。由此他断定在红光之外仍存在不可见的光，他用拉
丁文称之"红外"（Infra-red）。基于同样的思路，1801年德国
科学家瑞特（J. W. Ritter）发现超出紫色端的区域存在某种能

量并且能使 AgCl 产生化学反应，紫外线（Ultraviolet）也由此被发现。

红外线和紫外线的发现，大大扩展了光谱的研究范围。1864 年物理学家麦克斯韦（J. C. Maxwell）提出了描述电磁场的麦克斯韦方程，他计算出的电磁波传递速度等同于光速，因此他断言光也是一种电磁波。这一预言由德国物理学家赫兹（H. R. Hertz）于 1886 年经过实验加以验证。

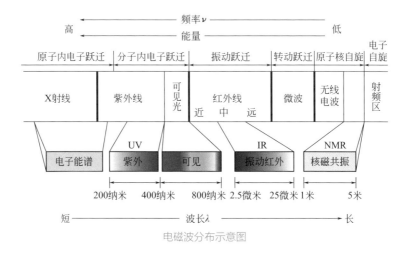

电磁波分布示意图

2.3.2　改天换地——红外光谱的兴起

自红外线被发现以来，科学界们就在探索它的应用场景，吸收谱便是红外线应用的一个可能。科学界从来不缺父子兵，老赫歇尔的儿子约翰·赫歇尔（John Herschel）继续着父亲的事业，投身于红外吸收谱的研究。1840 年，他设计了一个巧妙的实验，将经玻璃棱镜色散后的太阳光照射到乙醇上，并用黑色多孔纸吸收乙醇蒸气，然后通过称重方法来测定乙醇的蒸发速度。

1881 年，英国天文学家阿布尼（W. Abney）和费斯廷（E. R. Festing）用 Hilger 光谱仪以摄像法记录了 48 种有机分子的近红外吸收光谱（700～1100 纳米），发现近红外光谱区的吸收谱带均与含氢化学键有关（例如 C—H、N—H 和 O—H 等），并指认出了乙基和芳烃的 C—H 键特征吸收位置。

1889 年，瑞典科学家埃格斯特朗（K. Angstrem）采用 NaCl 材料作为棱镜，辐射热测量计作为检测器，分别测定了 CO 和 CO_2 的红外吸收光谱，尽管 CO 和

CO_2 含有的原子种类完全相同，但是不同的分子结构仍然给出了不同的红外光谱。这个试验最根本的意义在于它表明了红外吸收产生的根源是分子层面而不是原子层面的结构，整个分子光谱学科就是建立在这个理论基础上。

1892 年，荷兰科学家朱利叶斯（Willem Henri Julius）发表了 20 多种有机分子的红外光谱图，并且将在 3.45 微米（2900 厘米$^{-1}$）的吸收带指认为甲基的特征吸收峰，这是人们第一次将分子的特征结构和光谱吸收峰的位置直接联系起来。

1905 年美国科学家科布伦茨（W. W. Coblentz）测定并发表了 124 种有机化合物的红外光谱，他给出了 15 种典型基团的特征吸收谱带，包括含氢基团（如 —CH_3、—CH_2、—NH_2、—OH）、极性基团（如 —NO_2、—CN、—SCN 和 —NCS）和芳环。1910 年韦尼格（W. Weniger）在研究含氧有机物时发现了红外区域最具特征的羰基吸收谱带。

对于分子层面的运动，科学家们把它归类为平动、转动、振动和电子运动四类。分子平动可以用经典理论来描述，而后三种运动都必需引入量子化思想，也因此都有离散特征。红外光的波长涉及了分子振动和转动跃迁所引起的能量变化，1911 年德国科学家能斯特（W. Nernst）指出分子振动和转动能级的不连续性是量子理论的必然结果。1912 年，丹麦物理化学家比耶鲁姆（N. Bjerrum）提出 HCl 分子的振动是带负电的 Cl 原子核与带正电的 H 原子之间的相对位移。

1926 年，量子力学初步成熟，它成功地阐明了电子等微观物质的运动状态，并导出能级和能级跃迁选律等概念，这些重要的结论和概念是后来广泛应用的波谱学的理论基础。

1930 年，德国科学家梅克（Reinhard Mecke）提出了表示分子振动的符号，如 ν 表示化学键的伸缩振动，δ 表示键角弯曲振动，γ 表示面外弯曲振动，并对谱带的归属进行了研究，这些符号沿用至今。后来，矩阵、群论等数学和物理方法被应用于分子光谱理论。

1924 年法国科学家勒孔特（J. Lecomte）首次提出分子指纹图谱的概念，发现中红外光谱可以识别同分异构体（如所有的辛烷异构体）。在第二次世界大战期间，这一发现被用于分析性质相似的碳氢燃料以及橡胶产品信息，让人们真正认识到了中红外光谱的实用价值。第二次世界大战前的 1939 年，世界仅有几十台中红外光谱仪，但到 1947 年世界已有 500 余台中红外光谱仪在工作，中红外光谱已成为当时分子结构分析的重要手段。

相比之下，在这一时期人们发现近红外光谱吸收非常弱，且谱带宽而交叠严重，特征性不强，这是因为它们是中红外光谱基频的倍频和合频吸收，通称为泛频。依靠传统的光谱定量（单波长的朗伯 - 比尔定律）和定性分析（官能团的特征吸收峰）方法很难对其进行应用，因此，在很长时间内，人们很少关注近红外光谱的研究和应用，成为被遗忘的光谱区域，一度被称为光谱中的"垃圾箱"（The garbage bin of spectroscopy）。相比较而言，近红外光谱两端的外延区域（紫外 - 可见光谱和中红外光谱），在这段时间内却得到了快速发展和应用。

2.3.3 整装待发——唤醒深睡的"分析巨人"

诺里斯（Karl Norris）被誉为近红外光谱分析的奠基人，基于农业工程师的早期背景，他的研究始终以解决实际应用问题为研究导向。仰赖他的工作，近红外光谱分析逐渐成熟，得以应用于我们生活的方方面面。

20 世纪 50 年代，诺里斯以工程师身份任职于美国农业部研究中心。在工作早期，他曾用自己改造的 Beckmam DU 紫外光谱仪通过透射测量方式对鸡蛋的新鲜度进行研究，限于当时的技术条件，诺里斯只能依赖透射光的颜色来判断鸡蛋新鲜度。但是以此为基础开发的鸡蛋自动筛选设备，仍然获得了成功，这项工作得到了时任美国总统艾森豪威尔的关注。

虽然没有建立严格的光谱与鸡蛋品质之间的关系，但诺里斯在研究过程中依然得到了一些有价值的光谱数据。他发现 750 纳米处的吸收峰为水中—OH 基团的倍频吸收，这或许是第一张复杂混合物（天然产物）的近红外光谱，很多介绍近红外光谱发展史的文章中都会引用这张图。通过这项研究，诺里斯还发现水果和蔬菜在 700 ～ 800 纳米有明显的吸收谱带，这为诺里斯之后开发近红外无损果品品质分析仪（检测苹果的水心病等）埋下了伏笔。

1960 年，诺里斯开始一项测定种子中的水分的研究，这项研究正式开启了他和近红外光谱技术的不解之缘。诺里斯早期的研究思路也是基于朗伯 - 比尔定律，他将粉碎的谷物与四氯化碳混合成浆制成样品，以减少光的散射。通过对透射光的分析，他发现透射光谱中的两个波长（1940 纳米和 2080 纳米）具有特殊的研究价值，基于它们诺里斯建立了吸光度之间差值与水含量之间的一元二次多项式定量关系，获得了满意的结果。但是，当实际应用推广时，由于四氯化碳具有较大的毒性，且方法操作也相对烦琐，这个技术并没有得到市场的接纳。

为了摆脱有毒试剂四氯化碳的使用，诺里斯放弃了透射光分析的途径，开始尝试采用反射方式。他买来了当时最好的 Cary 14 光谱仪，但这台仪器的性能并不能满足他们的需求：测量速度慢（20 分钟才能得到一张光谱），没有合适的反射测量附件（尽管也有积分球，但信噪比很差），样品仓太小不适合样品的无损分析等。在随后的多年里，随着电子技术的进步，诺里斯与他的合作者不断对其进行改造，包括样品仓、光路系统（将双光路变为单光路）、电子器件、A/D 转换板、检测器和计算机等。改进后的仪器脱胎换骨，被称为"诺里斯机"（The Norris Machine）。借助这台光谱仪，诺里斯为现代近红外光谱分析技术奠定了基础。

当光与固体颗粒发生相互作用时，可产生反射、吸收、透射、散射等情况，其中反射包括镜面反射和漫反射。漫反射光是入射光进入样品内部后，经过多次反射、折射、衍射和吸收后返回表面的光，因此，负载了样品的结构和组成信息，可用于定量和定性分析。固体颗粒样品的透射光虽然也含有这样的信息，但透射光强受装填密度和厚度的影响很大，应用于定量分析较为困难。

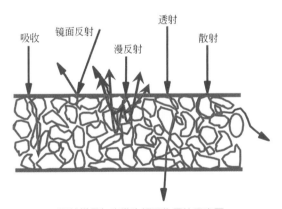

颗粒样品与光发生相互作用的示意图

首先，诺里斯创造性地将传统光谱分析中的吸光度 A 由 $\lg 1/T$ 替代为 $\lg 1/R$。但新的标度明显不符合朗伯 - 比尔定律，没有任何理论基础，因此受到当时大多数光谱学家的一致反对。但诺里斯一向以解决问题为导向行动，并没有因外界反对声音而放弃自己的研究方向，实际结果回报了他的坚持，$\lg 1/R$ 与水分含量确实存在较强的相关性。

　　随着研究的深入，诺里斯发现基于两波长差值法的测量结果容易受样品中其他成分的干扰，例如小麦中的蛋白质、大豆中的油脂等。为了降低其他成分对结果的干扰，诺里斯又创新性地将多个波长的吸光度通过多元线性回归（MLR）方法建立预测方程，这显著提高了结果的精度。之后很短的时间内，诺里斯意识到近红外光谱还可以测量这些干扰物的含量，例如蛋白质、油分等。经过诺里斯的努力，他筛选出了 6 个关键波长（1680 纳米、1940 纳米、2100 纳米、2230 纳米、2310 纳米），为随后开发商品化的滤光片仪器奠定了坚实的基础。为降低颗粒粒度对漫反射光谱的影响，诺里斯采用导数方法对光谱进行处理，并提出了"诺里斯滤波"方法。

Karl Norris（右）与其研制的近红外内部品质分析仪

　　20 世纪 70 年代初，在诺里斯的指导下，DICKEY-john 和 Neotec 两家公司基于滤光片技术首次开发出了商品化的近红外光谱谷物专用分析仪，并得到了大规模商业化应用，这成为近红外光谱技术发展过程的一个重要里程碑。之后，滤光片型的仪器也进行了较多改进，针对不同的测量对象（例如草料和烟草等），通过选取不同波长的滤光片、增加滤光片的数量、温度控制、光学系统密封以适应恶劣的现场环境等，但诺里斯提出的仪器本质的特征没有改变。DICKEY-john 公司生产的 GAC Model 2.5AF 和 Neotec 公司生产的 GQA Model 31 成为 20 世纪 70 年代中期主力的近红外谷物快速分析仪器。

　　这些仪器在实际应用中，继续推动着近红外光谱技术的发展。加拿大科学家威廉姆斯（Phil Williams）通过对近红外谷物分析仪（起初是 Neotec Model I 仪器）进行必要的改进，满足了小麦出口区快速测定蛋白质的需求。数百台这样的仪器进入大型粮仓和出口区，同时一些面粉厂、大豆加工厂和食品生产厂等也开始使用近红外分析仪。进入 20 世纪 70 年代末期，光栅扫描型近红外光谱分析仪开始出现，其关键技术都是以"诺里斯机"为原型样机（雏形）研制的，例如 Neotec Model 6100 和 Tchnicon InfraAlyzer 500 等。

诺里斯所做的上述工作被认为是现代近红外光谱技术的开端，其已具备了现代近红外光谱技术的显著特征：整粒谷物无损分析、分析速度快、基于光谱预处理和多元校正的多物性参数同时分析，建标样本为实际样本等。值得注意的是，与传统分析技术相比，近红外光谱从创始起就存在着两个显著特点：①推崇不对样品进行处理，以附件的形式解决不同形态样品的测量问题；②推崇不将样品带到仪器旁边，而将仪器带到样品旁边（即现场分析和在线分析）。这两个特点对影响分析技术的发展是深远的。

2.4.1　一己之力——国际大传播

在诺里斯的带领下，开创现代近红外光谱技术并取得成功应用的是农业工程师、农学家和动物营养家等，而不是物理学家、化学家和光谱学家，这与其他光谱技术的发展历程是截然不同的。

诺里斯的工作，尤其是"诺里斯机"的成功，迅速得到全球农业领域的关注。20世纪70年代，大批美国本土和国际同行纷至沓来，诺里斯皆以无私、大度、开放的科学家精神，将他的研究成果毫无保留地传授给每位来访的学者，并与他们进行深入合作。

毋庸置疑，诺里斯的实验室成了培养现代近红外光谱分析大师的摇篮。曾在诺里斯实验室进行访问的学者有：美国宾夕法尼亚州的申克（John Shenk）、美国北卡罗来纳州的麦克卢尔（W. Fred McClure）、加拿大的威廉姆斯（Phil Williams）、日本的大岩通（Mutsuo Iwamoto）、匈牙利的卡夫卡（Karoly Kaffka）等。这些学者后来都成为近红外光谱分析技术的卓越践行者和强有力推动者，他们参照诺里斯的模式纷纷研发仪器、开发软件和推广应用。申克在美国建立了第一个近红外光谱草料分析网络，并开发了著名的化学计量学软件DOSISI和WinISI；大岩通回到日本后，在他的带领和影响下，近红外光谱技术在日本得到了广泛的应用，日本在20世纪80年代末期就基于近红外光谱开发出果品品质自动分选装置，并得到了广泛推广应用。20世纪90年代，诺里斯在日本静冈参观了Mitsui公司研制的果品近红外在线分选装置，曾感叹说："我的梦想在日本得到了实现。"

1975年，加拿大谷物委员会（Canadian Grain Commission，CGC）将近红外方法规定为蛋白质检测的官方方法。1976年，诺里斯采用长波漫反射近红外光谱结合多元线性回归的方式测定了复杂体系（例如草料）的化学成分。基于以上研究成果，美国农业部于 1978 年建立了 NIRS 草料网络中心，掀起了近红外光谱应用的一个小高潮。1978 年，美国农业部联邦谷物检验服务中心（Federal Grain Inspection Service，FGIS）也为其所有的小麦出口基地购置了近红外分析仪，1980 年 FGIS 采纳该方法作为官方指定的测定小麦蛋白质的标准方法。1982 年美国谷物化学家协会（American Association of Cereal Chemists，AACC）正式批准了该方法（AACC 39-00）。

诺里斯的工作也对我国产生了间接影响，我国的近红外光谱技术也是从农业应用开始的。20 世纪 70 年代后期我国科研人员通过诺里斯等人的学术论文、仪器厂商的宣传以及到日本等国家的考察学习，开始认识近红外光谱技术。早在 20 世纪 80 年代初期，中国农业科学院吴秀琴老师和中国科学院长春光学精密机械与物理研究所（长春光机所）陈星旦院士就开始合作研制滤光片型的近红外光谱分析仪，并取得了成功。这之后，严衍禄教授组建了中国农业大学近红外光谱分析实验室，开始了近红外光谱在农业领域应用的系统研究，他们的研究成果集中发表在 1990 年《北京农业大学学报》（增刊）上。

在诺里斯的带领下，一众农业工程师、农学家和动物营养家投身近红外光谱技术并取得应用上的巨大成功。以应用为导向的风格，在近红外光谱技术发展中烙下了深深的印记，这与以物理学家和化学家主导的其他光谱技术的发展有着截然不同的风格。

2.4.2 横空出世——化学计量学新学科的创立

1946 年 2 月 14 日，世界上第一台通用计算机埃尼阿克（ENIAC）诞生于美国宾夕法尼亚大学。自诞生以来，计算机科学就展现出蓬勃的生命力，计算机的普及速度出人意料：1981 年个人计算机全球销量仅为三十万台，但到 1982 年就激增至三百万台。计算机的引入使仪器的控制实现了自动化，且更加精密准确，同时使数据矩阵计算变得相对简单了，可以用来处理更为复杂的定量或定性程序。

计算机技术的诞生和快速发展，为各个学科注入了新鲜的血液，化学计量学便是在此背景下产生的新兴领域。1974 年，在瑞典化学家沃尔德（S. Wold）和美国华盛顿大学的科瓦尔斯基（B. R. Kowalski）教授的倡导下，化学计量学

（Chemometris）成为了化学大家庭的一个正式分支学科。

　　遗憾的是在化学计量学的发展初期，近红外光谱技术在该领域并未得到重视，一度被认为是"黑魔法"。有赖于以诺里斯为首的科学家们的不懈努力，使化学计量学家逐渐重视这一技术，为近红外光谱技术的崛起起到了推波助澜的作用。为获得业界认可，诺里斯在从事近红外光谱分析谷物研究初始，就找到美国著名的光谱学家赫希菲尔德（Tomas Hirschfeld）寻求帮助，但从传统光谱学来看，近红外光谱没有任何优势，于是他并未积极回应诺里斯。但是，诺里斯并未就此放弃，每次取得新的进展，诺里斯都会与赫希菲尔德进行沟通交流。近红外光谱分析的一系列成果，最终使赫希菲尔德认识到它的价值，由此变为了该技术的坚定支持者。这一时期开始支持近红外光谱技术的光谱学家还有格里菲思（Peter Griffiths）和费特利（Bill Fateley）等，这些光谱学家的加入，对近红外光谱技术理论体系的形成起到了重要的作用。

　　1984 年，赫希菲尔德与科瓦尔斯基，在美国 *Science* 杂志上发表了题为"Chemical sensing in process analysis"的文章，文中多次提到近红外光谱技术的价值。值得一提的是，1985 年赫希菲尔德通过巧妙的实验设计，找到了近红外光谱可以预测水中氯化钠含量的光谱信息依据。也是在这一时期，两本化学计量学国际学术期刊：*Chemometrics and Intelligent Laboratory Systems*（Elsevier）和 *Journal of Chemometrics*（Wiley）先后创立，这在很大程度上促进了相关科学研究的发展，并奠定了这一学科的地位。

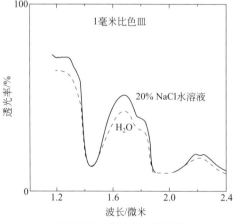

NaCl 浓度对水近红外光谱的影响

这之后，一些基于主成分分析的化学计量学方法开始被大家所采用，如主成分回归和偏最小二乘等，一些建模策略例如局部权重回归方法等也被提出，这些方法显著提高了近红外光谱分析结果的准确性和可靠性，成为了近红外分析理论体系的重要组成部分，使其达到了理论与实践的统一。在20世纪90年代中期，人工神经网络方法已经出现在用于近红外光谱分析的化学计量学商品化软件中。

近红外光谱和化学计量学在相互依存、相互影响、相互促进中不断发展和进步。在近红外光谱分析中用到的化学计量学方法主要有光谱预处理算法、波长变量的选择算法、多元定量校正算法、定性模式识别算法和模型传递算法等，另外，在光谱成像中还会用到多维光谱数据解析。

近些年，以卷积神经网络为代表的深度学习算法开始用于近红外光谱定量和定性模型的建立。与传统机器学习方法相比，卷积神经网络可以通过多个卷积层和池化层逐步提取蕴藏在光谱数据中的微观特征和宏观特征，在一定程度上减少建模前对光谱的预处理和变量选取工作，减少建模的工作量。深度学习算法在光谱分析中的应用研究刚刚开始，还有诸如网络规模、参数的优化选择、过拟合、模型的可解释性等问题值得进一步研究。深度学习中的迁移学习、域适配和多任务学习等策略有望为模型传递提供新思路，在一定程度上解决定量和定性模型在不同仪器上的通用性问题。

而且，云计算平台被越来越多地用于近红外光谱分析，在药检、食品、制药、农业等领域中有广阔的应用前景。通过云计算平台可以管理和存储原料生产、在线产品和实验室研究等不同来源的近红外光谱数据。同时，使用大数据分析方法对搜集到的光谱大数据进行分析与挖掘，然后将分析结果以可视化的方式进行输出，可以实时有效地为生产过程和产品质量的控制提供数据，为原料的管理与存储、产品的销售以及上级有关部门的监控与执法提供可靠依据。近红外光谱大数据云计算平台的建成对于农业、食品、制药、石化等领域实现智能化有重要的意义。

2.4.3　步步为营——仪器的多元化发展

原始的光谱仪可以仅由简单的光学系统构成，然而随着时代发展，光谱仪的功能愈发强大，结构也随之愈发复杂。现代化的光谱仪种类繁多，但是万变不离其宗，都可以分解为光学系统、电子系统、计算机系统等部分，其中光学系统永远是光谱仪的核心。

电子系统由光源电源电路、检测器电源电路、信号放大电路、A/D 变换、控制电路等部分组成。

计算机系统则通过接口与光学和机械系统的电路相连，主要用来操作和控制仪器的运行，除此还负责采集、处理、储存、显示光谱数据等。

目前，绝大多数现代光谱仪器都采用计算机实现信号的处理与记录，包括计算机和各种类型的嵌入式微处理器。计算机对光谱仪的控制及参数设置都是通过测量软件完成的，测量软件还可对光谱进行必要的处理，如横坐标单位的转换（纳米或波数等）、纵坐标单位的转换（透过率或吸光度等）、光谱差减、光谱求导、光谱卷积和光谱拟合等。

作为光谱仪的核心，光学系统主要包括光源、分光系统、测样附件和检测器等部分。不同波段和类型的光谱仪在结构设计和器件材料上都有较大差异。

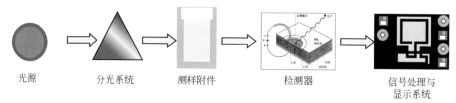

光源　　　　分光系统　　　　测样附件　　　　检测器　　　　信号处理与
　　　　　　　　　　　　　　　　　　　　　　　　　　　　　　显示系统

光谱仪器的基本构成

光源提供稳定的且足够能量的辐射，光源可分为线光源和连续光源，在分子光谱仪器中通常使用连续光源，如用于紫外光谱的氘灯和氢灯，用于近红外光谱的卤素灯以及用于红外光谱的能斯特灯、陶瓷光源或碳硅棒。拉曼光谱则使用强度大、单色性高的激光作光源，一些专用仪器也采用固定波长的线光源，如发光二极管（LED）等。

分光系统也称单色器，其作用是将复合光变成单色光。实际上，单色器输出的光并非是真正的单色光，也具有一定的带宽。色散型仪器的单色器通常由准直镜、狭缝、光栅（或棱镜）等构成。另一种常用的单色器是干涉仪，如傅里叶干涉仪等。也有一些专用仪器采用滤光片得到所需的单色光。

测样附件用于盛放待测的样品，针对不同的测量方式有多种类型的测量附件。透射方式最常用的是比色皿，比色皿的类型也多种多样。对于测定黏稠样品的红外光谱时，可采用衰减全反射（ATR）附件等。固体粉末或颗粒类样品多采用漫反射积分球附件等。

检测器将辐射能转换为电信号进行检测，有热检测器、光电检测器和热电检测器三种。光电检测器多用于色散型仪器，如光电倍增管、硅二极管阵列检测器（PAD）、PbS、InGaAs、HgCdTe（MCT）检测器等。热电检测器在傅里叶变换红外光谱仪中多见，如氘化三甘氨酸硫酸酯（DTGS）检测器等。

从 20 世纪 70 年代中后期，近红外光谱仪器商品化以来，国内外各仪器厂家也开始批量生产各种不同分光方式（滤光片型、光栅扫描型、阵列检测器型、傅里叶变换型、AOTF 型等）以及不同用途的近红外光谱仪器（通用型仪器、专用 / 便携仪器和在线过程分析仪器等）。如今国内外有 50 余个厂家在生产不同用途的近红外光谱仪，与早期的光谱仪器相比，光谱仪的主要技术指标，如信噪比、稳定性、仪器间一致性，得到极大的提高，制造技术也已趋成熟。

近些年，仪器设计正在采用一些最新的光学原理和加工技术，如微机电系统（Micro-Electromechanical Systems，MEMS），使仪器更趋微型化和专用化，这类仪器具有体积小、重量轻、可集成化、可批量制造以及成本低廉等优点，存在着较强的生命力和巨大的潜在应用市场。

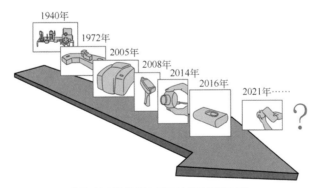

近红外光谱仪器小型化的演变发展过程

近红外光谱分析技术区别于其他传统分析技术的一个显著特征是，近红外光谱分析大都不需要对样品（如药片、水果、谷物）进行破坏性的预处理，而是通过设计专用附件来有效获取样品的光谱，从而显著减少分析时间，提高分析效率。近红外光的一个重要特点是可以通过石英光纤进行百米距离的传输，所以较易实现工业装置的现场在线分析。从测量形式上，可采用接触式、非接触式或浸

针对不同样品的近红外光谱测量附件

入式。根据不同的测量对象，近红外光谱的测量方式可采用透射、漫反射或漫透射方式。近红外光谱中含有丰富的含氢基团信息，结合化学计量学方法可以得到准确的定量和定性分析结果。

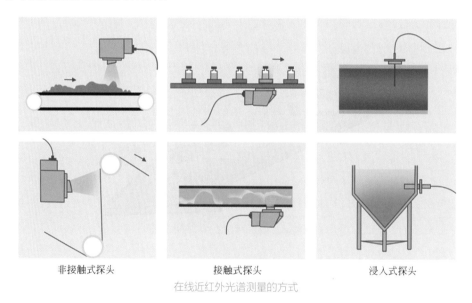

非接触式探头　　　　　　　接触式探头　　　　　　　浸入式探头

在线近红外光谱测量的方式

　　21世纪中前期，随着光谱仪器件的发展，近红外化学成像技术得到了越来越多的关注。近红外化学成像技术将传统的光学成像和近红外光谱相结合，可以同时获得样品空间各点的光谱，从而进一步得到空间各点的组成和结构信息。目前，该技术已在农业、食品、制药和临床医学等领域得到了一定的研究和应用，例如，在制药领域，采用近红外化学成像可以方便直观地识别假药和劣药，还可以用于混合均匀性、药品上的微量污染物及少量有效成分降解物的鉴别分析等。近红外化学成像是近红外技术今后发展的主要方向之一，将会越来越多地应用到过程分析和高通量分析中，成为传统近红外光谱的一种强有力的互补技术。

2.4.4　古树新芽——滤光片技术的华丽转身

不论何种光谱仪，都需要将复合光转变为单色光，因此分光器件一直是光谱仪的核心器件。提到分光技术，熟悉光谱分析原理的人们都不会太陌生，在本生的焰色实验中，他就曾利用滤光片滤除不同颜色的光。在光谱仪器发展的历史上，不论时代如何变化，分光器件总能以一副新的面貌适应新的时代。

干涉滤光片，主要是利用光的干涉原理实现功能。根据光谱特性分类，其中应用最广泛的一种为窄带干涉滤光片，它是带通滤光片的一种，通过设计多层膜系参数可以将一束白光过滤成波段范围相对较窄的单色光。常见的窄带干涉滤光片实际上是一种间隔很小的法布里 - 珀罗标准具，其峰值波长透过率一般可以做到 80% 以上，波长半峰宽是中心波长的 1% 左右。

干涉滤光片与滤光片盘

为了得到更丰富准确的光谱信息，基于干涉滤光片单元，人们设计了分立波长滤光片型近红外仪器。科学家将多个不同中心波长的滤光片装配在可旋转的轮盘上，通过程序控制轮盘旋转，分时测量被测物在各波长下的吸光度，进而获得其分立波长光谱。此类仪器优点是结构坚固、光通量大、设计简单、波长搭配灵活、制造成本低等，缺点是有移动部件、光谱分辨率较低、波长不连续。

尽管以现在的眼光看，分立波长滤光片型仪器有很多不足，但在商业化近红外仪器制造技术发展的早期，这样的仪器性能已经足够强大，并率先在农牧业等领域得到了应用，占领了早期的商业化市场的大部分份额。

20 世纪 70 年代，在诺里斯博士的带领下，首批商业化的近红外谷物专用分析仪就是基于滤光片分光技术开发的，促使近红外技术在欧美流行起来。20 世纪 80 年代初期，我国中科院长春光机所的陈星旦院士带领团队，在国家"七五"科技攻关计划的资助下，在国内最早开发出基于滤光片技术的近红外谷物分析仪。国产仪器的性能指标完全可以达到应用要求，可惜对于当时的国内市场略显超前，产业化推广遇阻。

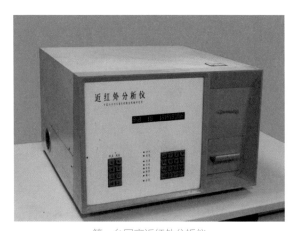

第一台国产近红外分析仪

光栅是一种由密集的、等间距狭缝构成的精密光学元件，因它形如栅栏，故而得名。早在 1821 年，光栅就由德国科学家夫琅和费设计制造出并用于光谱研究，此后的几十年，人们对光栅尺寸和精度孜孜追求，光栅分光技术获得了长足的发展。

和干涉型滤光片一样，我国的光栅技术的发展也离不开长春光机所。20 世纪 50～60 年代，在梁浩明研究员的带领下，长春光机所依靠有限的参考文献，艰难摸索，终于研制出了我国第一台衍射光栅刻划机，并以此生产出国内第一块可以实用的衍射光栅。

随着光栅应用于近红外光谱仪，一时间涌现出一批高性能的商品化近红外光谱仪器，此类产品至今仍然活跃在石化、烟草、制药、农牧业等国民经济领域，在近红外科学仪器领域占据了重要位置。此时滤光片型近红外光谱仪更多的是在行业专用级别仪器市场上有少量产品和应用案例。

随着时间来到 21 世纪初期，一种新型分光元件走入人们的视野：线性渐变滤光片（LVOF）。线性渐变滤光片是指滤光片的每一不同的空间位置对应于不同通带光谱的窄带滤光片，沿渐变方向，各位置的透过率中心波长连续线性变化，具有超高集成度。根据设计需求可以任意调整工作谱段内的分光系数，是一种高效率光谱分光元件。

早在 20 世纪 50 年代，线性渐变滤光片便已经诞生，但是由于设计制造成本过高，该技术主要应用在航天领域。随着工艺提升、成本下降，线性渐变滤光片得以跳出小圈子，在民用光谱仪领域大放异彩。

几种线性渐变滤光片

线性渐变滤光片作为分光元件与线型阵列探测器搭配应用于光谱仪器，相比于光栅等传统结构，仪器的光路可以做得非常紧凑。由于几乎不需要额外的光学元件，线性渐变滤光片型仪器对振动的敏感性低，在体积和稳定性方面优势明显，重量也比较轻，可以做到 100 克上下，在手持式设备和在线检测领域应用前景广阔。

线性渐变滤光片与面型阵列探测器结合，搭配光学成像镜头，可以制成体积小、重量轻的微型成像光谱系统。结合小型无人机平台，利用推扫或摆扫获取地面被测对象的大量光谱和图像数据，再经过图像重构即可形成光谱立方体数据，在精准农业、农作物长势与产量评估、地质与矿产资源勘探、土壤肥力监测、森林病虫害监测等领域，都有较大的应用潜力。

在线性渐变滤光片发展的同一时期，微机电系统（MEMS）也获得快速发展，MEMS 将微电子和机械元器件集成在一个微型系统中，从而实现传感控制功能。法布里 - 珀罗型光谱仪正是基于 MEMS 工艺，其核心元件是一种可变波长的带通滤光片。如果说线性渐变滤光片是利用镀膜技术，在空间域上不同位置镀制不同厚度的光学间隔层，从而达到波长渐变效果；那么法布里 - 珀罗型光谱仪是利用 MEMS 技术，在时间域上连续调节滤光片的光学间隔层厚度，进而实现了透射波长的连续变化。由于可以配合单通道探测器使用，与较昂贵的阵列探测器相比，法布里 - 珀罗型光谱仪成本更低、体积更小、重量更轻。虽然光谱探测范围有限，但众多优点使之占据了紧凑设备这一生态位。

分光元件历经百年变革，数次迭代，上演了一出出精彩的故事。但是技术的革新日新月异，分光元件的蜕变仍在继续，远没有抵达终点。光影色彩的无穷变化为这项技术的发展留足了想象空间，我们期待着它的下一次华丽转身。

2.4.5 水到渠成——两个里程碑的事件

始于 20 世纪中叶，一路风雨一路歌，近红外光谱技术已经走过了半个世纪的长路，路途漫漫，曲直延伸，两座里程碑矗立道旁。

第一个里程碑立于 20 世纪 80 ～ 90 年代，这一时期近红外光谱技术迎来了一个难得的发展机遇，近红外光谱技术开始从农业应用领域转向工业过程分析领域。

1984 年，科瓦尔斯基教授受美国国家科学基金会（NSF）和 21 家企业共同资助，在美国华盛顿大学建立了过程分析化学中心（Center for Process Analytical Chemistry，CPAC），后更名为过程分析与控制中心（Center for Process Analysis and Control，CPAC）。该研究中心的核心任务是研究和开发以化学计量学为基础的先进过程分析仪器及分析技术，使之成为生产过程自动控制的组成部分，为生产过程提供定量和定性的信息，这些信息不仅用于对生产过程的控制和调整，而且用于能源、生产时间和原材料等的有效利用和最优化，近红外光谱是其中一项关键的技术。

1990 年，美国《清洁空气法》修正案通过，确立了新的汽油标准。新标准规定了汽油中烯烃、芳烃、苯、含氧化合物含量，辛烷值和蒸气压等多项质量指标也被纳入其中。新法案的提出，让石化公司对于分析仪器的需求陡增，于是国际石化巨头纷纷与 CPAC、分析仪器公司联合研制成套的在线近红外光谱分析仪。其中一项划时代的创新技术是利用近红外光谱测定汽油的辛烷值，可以在很多场合替代传统的大型马达机测试仪器。

随后的十年，近红外光谱技术逐步应用于从原油的开采、输送，到原油调和，从原油进厂监测、炼油加工（如原油蒸馏、催化裂化、催化重整、蒸汽裂解和烷基化等），到成品油（汽、柴油）调和和成品油管道输送等整个炼油环节，与过程控制技术结合为工业企业带来了巨大的经济和社会效益。

以近红外光谱为主要特征的汽油优化调和系统成为这一时代炼油企业的一个标志性技术，并一直延续至今。Guided Wave 公司、Analect 公司和 Petrometrix 公司等当时知名的近红外光谱仪器制造商都是这一时期基于石化企业的汽油调和等过程分析的应用需求发展起来的，近红外光谱仪器市场开始呈现出百花齐放的局面。

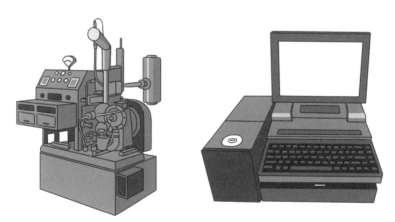

传统测定汽油辛烷值的马达机与 CPAC 研制的近红外辛烷值分析仪

第二个里程碑立于 21 世纪初，这次的机遇源于制药领域。

2004 年，美国食品药品监督管理局（FDA）以工业指南的方式颁布了《创新的药物研发、生产和质量保障框架体系——PAT》，旨在通过过程分析技术（PAT）对药品研发、生产和质量全过程更加科学地控制。

FDA 的这份工业指南指出，PAT 就是通过对关键质量数据（包括原始物料质量、中间物料质量及工艺过程质量）和工艺工程数据的实时监控进行生产设计、分析及控制以确保成品的质量。以近红外光谱为代表的现代分析检测手段，因其快速（或在线）、高效和无损的特性，成为生物化工和医料工业生产过程中不可或缺的仪器。PAT 框架体系促进了近红外光谱技术在制药领域的实施和应用，为制药企业和管理部门带来了诸多益处。

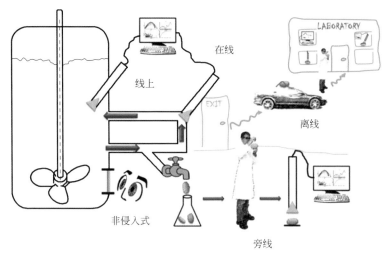

几种过程分析实现方式的示意图

时代呼唤新的技术，近红外光谱顺应时代浪潮，一步一个脚印，迈着坚实的步伐。从农业到石化工业，从石化工业到医药行业，近红外光谱不断扩张着自己的版图。经过近半个世纪的发展，实践证明，以近红外光谱为主力军的过程分析技术对发达国家的工业信息化与自动化的深度融合起到了决定性的作用。快速、实时测量信息使工业生产过程保持最优化的控制，在显著提高产品质量的同时，降低生产成本和资源消耗，从而优化资源配置，给企业带来了丰厚的经济回报。这也是近红外光谱技术之所以生生不息的生命力所在。

2.5.1　谱中窥物——光谱中包含的信息

　　原子、分子内部有着丰富的运动形式，并且可以被量子化的能态描述，能态间的跃迁会吸收和释放电磁波，通过对特定波段电磁波的研究，我们得以窥见原子分子内部相应的运动信息。红外光主要对应着分子的振动跃迁，波长为 780 ～ 10000 纳米，根据需要，又可被细分为近红外、中红外和远红外。其中蕴含信息最丰富的波段是近红外光（NIR），其波长范围为 700 ～ 2500 纳米。根据习惯，近红外光还可以细分为短波（700 ～ 1100 纳米）和长波（1100 ～ 2500 纳米）两个区域，为纪念赫歇尔（W. Herschel）于 1800 年发现了红外区（实际上是近红外区），短波区也称为赫歇尔区。

　　近红外光主要是由于分子振动的非谐振性使分子振动从基态向高能级跃迁时产生的，主要反映的是含氢基团 X—H（如 C—H、N—H、O—H 等）振动的倍频和合频吸收。近红外光谱具有丰富的结构和组成信息，非常适合用于含氢有机物质如农产品、石化产品和药品等的物化参数测量。除了分子振动跃迁谱带，近红外光谱还含有电子跃迁的信息，主要是金属离子的 d-d 跃迁、金属配合物的电荷迁移跃迁和配位体中共轭体系的 π-π* 跃迁等，这些信息为无机物如矿物等的近红外光谱分析提供了可能。

　　波长、波数、频率、能量都可以等价地描述光，根据不同的场合，我们会选择性地使用更方便的物理量。基于红外波段的仪器，尤其是傅里叶型的仪器，光谱多以波数（厘米$^{-1}$）为横坐标单位。在对近红外光谱进行解析时，通常将其分成三个谱区：谱区 I（800 ～ 1200 纳米，12500 ～ 8500 厘米$^{-1}$），主要是 X—H 基团伸缩振动的二级倍频和三级倍频及其组合频；谱区 II（1200 ～ 1800 纳米，8500 ～ 5500 厘米$^{-1}$），主要是 X—H 基团伸缩振动的一级倍频及组合频；谱区 III（1800 ～ 2500 纳米，5500 ～ 4000 厘米$^{-1}$），主要是 X—H 基团伸缩振动的组合频以及羰基（C═O）伸缩振动的二级倍频。近红外光谱区的主要吸收谱带见表1。

表1　近红外光谱区的主要吸收谱带、振动类型及其谱带位置

主要吸收谱带	振动类型	波数/厘米$^{-1}$	波长/纳米
游离OH	3ν（二级倍频）	10400～10200	960～980
键合OH	3ν（二级倍频）	10000～8850	1000～1130
C—H(CH$_3$, CH$_2$)	3ν（二级倍频）和组合频2ν+2δ	8700～8200	1150～1200
		7350～7200	1360～1390
游离OH	2ν（一级倍频）	7140～7040	1400～1420
C—H(CH$_3$, CH$_2$)	组合频2ν+δ	7090～6900	1410～1450
游离NH	2ν（一级倍频）	6710～6500	1490～1540
氢键键合的 NH	2ν（一级倍频）	6620～6250	1510～1600
S—H	2ν（一级倍频）	5780～5710	1730～1750
CH$_3$和CH$_2$	2ν（一级倍频）	6020～5550	1600～1800
C═O	3ν（二级倍频）	5230～5130	1910～1950
游离OH	组合频ν+2δ和3δ	5210～5050	1920～1980
C—H(CH$_3$, CH$_2$)	组合频ν+δ	4440～4200	2250～2380

随着对近红外光谱的深入研究，科学家发现即使是同一基团，在不同化学环境（如温度、压力、溶质等）中的近红外吸收波长与强度都有明显差别。除了种类繁多的有机化合物，无处不在的水也是近红外光谱的主要研究对象，当对外部化学环境加入扰动条件时，水的近红外光谱会发生明显变化，变化的光谱可以反映物质结构的改变或水与溶质之间的相互作用，在分子层面上获取丰富的信息。2006年，日本的采尔科娃教授（Roumiana Tsenkova）等在研究不同质量奶制品近红外光谱特征的基础上提出"水光谱组学"（Aquaphotomics），提出了一个新的研究领域。水光谱组学通过研究体系中水的光谱信息在温度和溶质（溶质种类和溶质含量）等扰动下产生的变化，了解不同物质及其含量对水结构产生的影响，再通过水的结构推断溶质的结构与功能，迄今水光谱组学取得了丰富的研究成果。

传统的近红外光谱是一个典型的"黑箱模型"，限于早期的理论和计算水平，研究实践中不能精确定量系统内部的结构和相互关系。近些年，随着分子模拟技术和计算机科学的发展，量子化学计算也被越来越多地用于近红外光谱特征峰的

模拟计算。采用量子化学计算还可以得到分子间氢键、分子内氢键、溶剂效应等对近红外光谱特征吸收峰频率和强度的影响。更为重要的是，通过量子化学计算可以指导多元定量和定性模型的建立，进一步阐明近红外光谱进行定量和定性的依据，为近红外光谱分析技术提供可靠的方法学基础。

2.5.2　双管齐下——定量和定性分析的模式

　　衔尾蛇（Ouroboros）是一个流传久远的神秘符号，多为一条长蛇或者巨龙首尾相连，吞食己身，常常用来代表循环、轮回、无限等概念。著名理论物理学家、诺贝尔奖获得者格拉肖教授（Sheldon Lee Glashow）曾用衔尾蛇来展示物理学统一极大与极小的梦想，蛇身从普朗克尺度到大的宇宙视界，整个可见宇宙包含了大约60个数量级。万物的尺度是人，人类的尺度在10^2厘米这个量级。相对而言，近红外光的尺度约为$7.0 \times 10^{-5} \sim 2.5 \times 10^{-4}$厘米，而近红外光谱分析的对象约为$10^{-2} \sim 10^2$厘米，可以看出，其应用对象大多属于人们可以看得见、摸得到的常见常用物质，这也使得其成为人类生活、生产活动相关物品快速、无损分析的首选技术。

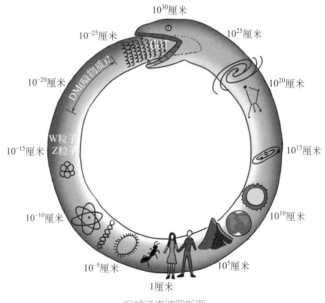

巨蛇沃洛波罗斯图

传统光谱有着良好的离散性，谱线有清晰锐利和基线分离的峰，容易进行定量分析、进行原子或分子的鉴定。相较而言，近红外光谱大量的是重叠的宽谱带，几乎没有"指纹性"，而且倍频和合频吸收更易受温度和氢键的影响，由于近红外谱带之间的重叠干扰，基于单波长的朗伯-比尔定律工作曲线方法往往不能得到满意的结果。

为了在重叠干扰谱带中获得我们想要的信息，结合化学计量学方法，基于已知的实际样本建立校正模型（Calibration model）成为一个有效的途径。已知的实际样本又被称为校正集样本（Calibration set samples）或训练集样本（Training set samples），通过这组样本的光谱及其对应基础数据，利用多元校正或模式识别方法建立校正或识别模型。对于待测样本，只需测定其光谱，根据已建的模型便可快速给出定量或定性结果。

建立近红外光谱定量或定性校正模型的基本步骤如下：

① 样本的收集，并测定其光谱和基础数据。基础数据也称参考数据，是通过现行标准方法或常规测试方法（Reference methods）测定得到的数据（也称"真值"），或通过现有鉴别方法鉴定其类别（用于建立识别模型）。

② 从收集的样本中选取有代表性的样本，将其光谱和对应的基础数据（或类别）组成校正集。

③ 对校正集的光谱进行预处理，并对波长进行选取。采用多元定量或定性方法建立初始校正模型，剔除界外样本，并反复选取不同参数建模（如波长范围、光谱预处理方法和偏最小二乘主因子数等），以得到优秀的校正模型。

④ 通过一组验证集样本（Validation set sample）对模型进行统计验证，确定最终的模型参数。

上述介绍可以看出，近红外光谱分析技术的一个重要特点就是技术本身的成套性，即必须同时具备三个条件：

① 各项性能长期稳定的近红外光谱仪（保证数据具有良好再现性的基本要求）；

② 功能齐全的化学计量学软件（建立模型和分析的必要工具）；

③ 准确并适用范围足够宽的模型。

其中，性能稳定可靠、一致性好的近红外光谱仪是该技术的基础和前提，这是近红外光谱技术有别于其他分析技术的一个主要因素，因为建立近红外分析模

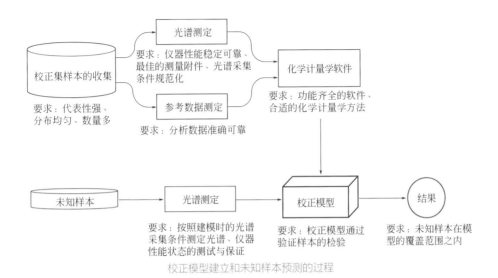

校正模型建立和未知样本预测的过程

型所用的样本为实际样本（如原油、小麦和饲料等），基础数据必须采用传统的
分析方法测定得到，建立一个相对完善的分析模型往往需要几百甚至上千个有代
表性的样本，这通常要花费大量的时间、人力和物力。因此，对光谱仪器的性能
指标要求极为苛刻，如果不能保证仪器的长期稳定性和仪器之间的一致性，所建
立的分析模型就不能长期和广泛应用，这也成为限制该技术应用推广的瓶颈。

近红外光谱分析技术的"金字塔"

2.5.3 术有专攻——有优点亦有缺点

经过数十年的发展，近红外光谱技术愈发成熟，人们对它的优势和不足也有

了足够的认知。在实践中，充分利用红外光谱的优点，同时避免或尽量减少其缺点，是一个合格的光谱人必备的素质。

目前，近红外光谱已经成为在工农业生产过程质量监控领域中不可或缺的重要分析手段，这与该技术具有的本质特点是分不开的，其独有的优越性包括：

（1）测试方便

对于大多数类型的样品，不需进行任何处理，便可直接进行测量。对于某些测试对象，可以做到不破坏试样、不用试剂、无污染，属环境友好型分析技术。对于液体的测量，通常可选用 2 ～ 5 毫米范围光程的比色皿进行测量，相比红外光谱采用 30 ～ 50 微米光程的液体池，其装样和清洗都非常方便和快捷，甚至可以使用廉价的一次性玻璃小瓶。由于光程长，不仅对光程精度的要求显著下降，日常分析时通常也不需要对光程进行校准。而且，痕量物质对测量结果的干扰影响也不明显。对于固体样品，则可以采用漫反射测量方式，直接对样品进行分析。但若想得到更精确的测量结果，有时也需要简单的制样，如粉碎和磨粉等。

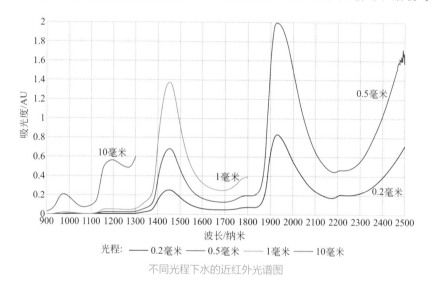

不同光程下水的近红外光谱图

（2）仪器成本低、非常适用于在线分析

近红外光比紫外光长，较中红外光短，所用光学材料为石英或玻璃，仪器和测量附件的价格都较低。近红外光还可通过相对便宜的低羟基石英光纤进行传输，适合于有毒材料或恶劣环境的远程在线分析，也使光谱仪和测量附件的设计更灵活和小型化。目前有各式各样商品化光纤探头，可以测定多种形态的样品。

（3）分析速度快，分析效率高

可在几秒内通过一张光谱测定样品的多种组成和性质数据。分析结果的重复性和再现性通常优于传统的常规分析方法。

当然，伴随着以上优点，近红外光谱分析技术也存在以下的局限性。

（1）光谱解析困难，依赖校正模型

近红外光谱有大量重叠的宽谱带，定量和定性分析相对困难。获得有效的信息，几乎完全依赖于校正模型，校正模型往往需要针对不同的样品类型单独建立，需花费大量的人力和物力。模型的建立并不意味着一劳永逸，在实际应用中，遇到模型界外样本，需要根据待测样本的组成和性质变动，不断对校正模型进行扩充维护。对于经常性的质量控制是非常适合的，但并不适用于非常规性的分析工作。

（2）对仪器的性能要求高

校正模型要求近红外光谱仪器具有长期的稳定性，仪器的各项性能指标不能发生显著改变，而且光谱仪光路中任何一个光学部件的更换，都可能会使模型失效。如果所建模型要用于不同的仪器，则要求所用的近红外光谱仪器之间有很好的一致性，否则将带来较大的甚至不可接受的预测误差。尽管模型传递技术可以在一定程度上解决这一问题，但不可避免地会降低模型的预测能力。

（3）吸收强度弱，检测限相对较高

多数物质在近红外区的吸收系数较小，其检测限通常在 0.1%，对痕量分析往往并不适用。为了克服其局限性，可采用样品预处理的方法（如固相微萃取等富集方法）提高检测限，但这时将近红外光谱作为检测技术往往不是最佳的选择。

基于上述特点，近红外光谱分析技术尤其适合以下场合：

① 对天然复杂体系样品的快速、高效、无损和现场分析，如石油及其产品、农产品的多种物化指标的同时分析等。

② 高度频繁重复测量的快速分析场合，即分析对象的组成具有相对强的稳定性、一致性和重复性，如炼油厂、食品厂或制药厂的化验室。通过网络化管理，可实现大型集团企业的校正模型共享。

③ 适用于大型工业装置如炼油、化工和制药装置的在线实时过程分析，与过程控制和优化系统结合可带来可观的经济效益。

2.5.4　抛砖引玉——方法的标准化

近红外光谱分析技术在实际应用中取得丰硕成果，该技术被越来越多的应用企业所认可和接受，在工农业生产过程以及商业中发挥着重要作用。迄今国内外颁布的近红外光谱标准方法已有近百项，这将在一定程度上加快近红外光谱分析技术普及的步伐。

其中国际上相关的标准方法有：

1　ASTM E1655　Standard practices for infrared multivariate quantitative analysis（红外光谱多元定量分析规范）

2　ASTM E1790　Standard practice for near infrared qualitative analysis（近红外光谱定性分析规范）

3　ASTM D6122　Standard practice for validation of the performance of multivariate online, at-line, and laboratory infrared spectrophotometer based analyzer systems（多变量在线、旁线、实验室红外光谱分析仪系统性能验证的指南）

4　ASTM D3764　Standard practice for validation of the performance of process stream analyzer systems（流程分析仪系统性能验证的指南）

5　ASTM D6342　Standard practice for polyurethane raw materials: determining hydroxyl number of polyols by NIR spectroscopy（近红外光谱测定聚氨酯原材料多元醇中的羟值）

6　ASTM D5845　Standard test method for determination of MTBE, ETBE, TAME, DIPE, methanol, ethanol and tert-butanol in gasoline by infrared spectroscopy（红外光谱测定汽油中 MTBE、ETBE、TAME、DIPE、甲醇、乙醇和叔丁醇）

7　ASTM D6277　Standard test method for determination of benzene in spark-ignition engine fuels using mid infrared spectroscopy（中红外光谱测定火花点火式发动机燃料中的苯含量）

8　ASTM D6299　Standard practice for applying statistical quality assurance and control charting techniques to evaluate analytical measurement system performance（应用统计质量保证和控制图表技术评价分析测量系统性能的指南）

9　ASTM D7371　Determination of biodiesel (fatty acid methyl esters) content in diesel fuel oil using mid infrared spectroscopy (FTIR-ATR-PLS method)［FTIR-ATR-PLS 方法测定柴油中生物柴油（脂肪酸甲酯）的含量］

10　ASTM E2617　Standard practice for validation of empirically derived multivariate calibrations（源于经验的多元校正模型的验证规范）

11　ASTM E2891　Standard guide for multivariate data analysis in pharmaceutical development and manufacturing applications（药物开发和生产应用中多元数据分析的指南）

12　ASTM D8321　Standard practice for development and validation of multivariate analyses for use in predicting properties of petroleum products, liquid fuels, and lubricants based on spectroscopic measurements（基于光谱测量的用于预测石油产品、液体燃料和润滑油性质的多元分析方法开发和验证规范）

13 ASTM D8340 Standard practice for performance-based qualification of spectroscopic analyzer systems（光谱分析仪系统性能评定的标准实施规程）

14 ASTM E2898 Standard guide for risk-based validation of analytical methods for PAT applications（PAT 应用中基于风险的分析方法验证指南）

15 ASTM E2056 Standard practice for qualifying spectrometers and spectrophotometers for use in multivariate analyses, calibrated using surrogate mixtures（用替代混合物校准的用于多元分析的分光计和分光光度计的鉴定指南）

16 ISO 15063 Plastics-polyols for use in the production of polyurethanes determination of hydroxyl number by NIR spectroscopy（近红外光谱测定聚氨酯原材料多元醇中的羟值）

17 ISO 21543 Milk products. Guidelines for the application of near infrared spectrometry（乳制品 . 近红外光谱方法应用通则）

18 ISO 12099 Animal feeding stuffs,cereals and milled cereal products. Guidelines for the application of near infrared spectrometry（动物饲料原料，谷类和研磨谷类制品 . 近红外光谱方法通则）

19 ISO 17184 Soil quality - determination of carbon and nitrogen by near-infrared spectrometry (NIRS)［土质 . 采用近红外光谱法（NIRS）对碳和氮的测定］

20 AACC 39-00 Near-infrared methods: guidelines for model development and maintenance（近红外光谱方法：模型建立与维护通则）

21 AACC 39-10 Near-infrared reflectance method for protein determination（近红外反射光谱测定蛋白质含量）

22 AACC 39-11 Near-infrared reflectance method for protein – wheat flour（近红外反射光谱测定面粉中的蛋白质含量）

23 AACC 39-20 Near-infrared reflectance method for protein and oil determination – soybeans（近红外反射光谱测定大豆中的蛋白质和油分）

24 AACC 39-21 Near-infrared method for whole-grain analysis（近红外光谱用于谷物整粒分析）

25 AACC 39-25 Near-infrared method for protein content in whole-grain wheat（近红外光谱测定整粒小麦中的蛋白质含量）

26 AACC 39-70 Wheat hardness as determined by near infrared reflectance（近红外反射光谱测定小麦的硬度）

27 AACC 08-21 Prediction of ash content in wheat flour—near-infrared method（近红外光谱法测定面粉的灰分）

28 AOAC 2007.04 Fat, moisture, and protein in meat and meat products（肉及肉制品中脂肪、水分和蛋白质含量的测定）

29 AOAC 989.03 Fiber (acid detergent) and protein (crude) in forages: near-infrared reflectance spectroscopic method（草料中粗蛋白和酸性洗涤纤维含量——近红外反射光谱方法）

30　AOAC 991.01　Moisture in forage, near infrared reflectance spectroscopy（草料中水分的测定——近红外反射光谱方法）

31　AOAC 997.06　Protein (crude) in wheat. Whole grain analysis, near-infrared spectroscopic method（小麦中粗蛋白质的测定——近红外光谱方法）

32　ICC 159　Determination of protein by near infrared reflectance(NIR) spectroscopy（近红外反射光谱测定蛋白质含量）

33　ICC 202　Procedure for near infrared(NIR) reflectance analysis of ground wheat and milled wheat Products（近红外反射光谱分析面粉和粉碎小麦制品的规程）

34　RACI 11.01　Determination of protein and moisture in whole wheat and barley by NIR（近红外光谱测定小麦和大麦中的蛋白质和水分含量）

35　USP 856　Near-infrared spectroscopy（近红外光谱法）

36　USP 1856　Near-infrared spectroscopy—theory and practice（近红外光谱法——理论和实践）

37　USP 1039　Chemimetrics（化学计量学方法）

38　EP 2.2.40　Near-infrared spectroscopy（近红外光谱法）

39　PSAG　Guidelines for the development and validation of near infrared (NIR) spectroscopy methods（近红外光谱方法建立和验证准则）

40　CPMP&CVMP　Note for guidance on the use of near infrared spectroscopy by the pharmaceutical industry and the data requirements for new submissions and variations（制药企业使用近红外光谱的指导原则以及申报与变更时所需呈递的资料）

41　RIVM　Verification of the identity of pharmaceutical substances with near-infrared spectroscopy（使用近红外进行药物鉴别的方法验证）

42　EMA　Guideline on the use of near infrared spectroscopy by the pharmaceutical industry and the data requirements for new submissions and variations（制药工业近红外光谱技术应用、申报和变更资料要求指南）

43　FDA　Development and submission of near infrared analytical procedures, guidance for industry, draft guidance（工业界开发和申报近红外分析方法指导原则草案）

44　AOCS Cd 1e　Determination of iodine value by pre-calibrated FT-NIR with disposable vials（预校正近红外光谱结合一次性小瓶测定碘值）

45　AOCS Am 1a-09　Near infrared spectroscopy instrument management and prediction model development（近红外光谱仪器管理和预测模型的建立）

46　GOST 33441　Vegetable oils. Determination of quality and safety by near infrared spectrometry（植物油.使用近红外光谱法测定质量和安全性）

47　GOST 32041　Compound feeds, feed raw materials. Method for determination of crude ash, calcium and phosphorus content by means of NIR-spectroscopy（配合饲料，饲料原料.利用近红外 (NIR) 光谱法进行粗灰分、钙和磷含量的测定）

48　GOST 31795　Fish, marine products and products of them. Method of determining the fraction of total mass of protein, fat, water, phosphorus, calcium and ash by the near-infra-red spectrometry（鱼类，海产品及其制品 . 利用近红外光谱法进行蛋白质，脂肪，水分，磷，钙和灰分总质量分数测定）

49 GOST 32040　Fodder, mixed and animal feed raw stuff. Spectroscopy in near infra-red region method for determination of crude protein, crude fibre, crude fat and moisture（饲料，混合的和动物饲料原料 . 利用近红外区光谱法进行粗蛋白、粗纤维和水分测定）

50 GOST R 51038　Fodder and mixed fodder. Spectroscopia in near infra-red region method for determination of metabolizable energy（饲料与混合饲料 . 采用近红外区域光谱法测定代谢能量）

51 GOST 30131　Oil-cake and ground oil-cake. Determination of moisture, oil and protein by infrared reflectance（豆饼与豆粕用近红外领域的光谱仪法测定水分、脂肪及蛋白质）

52 GOST R 54039　Soil quality. Quick method for the determination of oil products by NIR spectroscopy（土壤质量 . 近红外光谱测定石油产品的快速方法）

53 DGF C-VI 21a (13)　FT-near infrared (NIR) spectroscopy-screening analysis of used frying fats and oils for rapid determination of polar compounds, polymerized triacylglycerols, acid value and anisidine value（FT-NIR 光谱法：煎炸油的筛选方法，以确定极性化合物、聚合甘油三酯、酸值和茴香胺值）

注：ASTM—美国材料与试验协会；ISO—国际标准化组织；AACC—美国谷物化学家协会；AOAC—美国分析化学家协会；ICC—国际谷物科技协会；AOCS—美国油脂化学家学会；RACI—澳大利亚皇家化学会；USP—美国药典；EP—欧洲药典；PASG—英国药物分析学组；CPMP&CVMP—欧盟专利药品委员会＆兽药产品委员会；RIVM—荷兰公共卫生与环境国家研究院；EMA—欧洲药品管理局；FDA—美国食品药品监督管理局；JIS—日本工业标准；GOST—俄罗斯国家标准；DGF—德国油脂科学学会。

　　我国颁布的国家标准、行业标准和地方标准多达 80 项，涉及化工、食品、农业、纺织等领域，包括：

1 GB/T 18868—2002　饲料中水分、粗蛋白质、粗纤维、粗脂肪、赖氨酸、蛋氨酸快速测定　近红外光谱法

2 GB/T 12008.3—2009　塑料　聚醚多元醇　第 3 部分：羟值的测定

3 GB/T 24895—2010　粮油检验　近红外分析定标模型验证和网络管理与维护通用规则

4 GB/T 25219—2010　粮油检验　玉米淀粉含量测定　近红外法

5 GB/T 24900—2010　粮油检验　玉米水分含量测定　近红外法

6 GB/T 24901—2010　粮油检验　玉米粗蛋白质含量测定　近红外法

7 GB/T 24902—2010　粮油检验　玉米粗脂肪含量测定　近红外法

8 GB/T 24896—2010　粮油检验　稻谷水分含量测定　近红外法

9 GB/T 24897—2010　粮油检验　稻谷粗蛋白质含量测定　近红外法

10 GB/T 24898—2010　粮油检验　小麦水分含量测定　近红外法

11 GB/T 24899—2010　粮油检验　小麦粗蛋白质含量测定　近红外法

12 GB/T 24871—2010　粮油检验　小麦粉粗蛋白质含量测定　近红外法

13 GB/T 24872—2010　粮油检验　小麦粉灰分含量测定　近红外法

14 GB/T 24870—2010　粮油检验　大豆粗蛋白质、粗脂肪含量的测定　近红外法

15 GB/T 29858—2013　分子光谱多元校正定量分析通则

16 GB/T 34406—2017　珍珠粉鉴别方法　近红外光谱法

17 GB/T 36691—2018　甲基乙烯基硅橡胶　乙烯基含量的测定　近红外法

18 GB/T 37969—2019　近红外光谱定性分析通则

19 GB/T 7383—2020　非离子表面活性剂羟值的测定

20 GB/T 13892—2020　表面活性剂 碘值的测定

21《中国药典》（2020年版）9104 近红外分光光度法指导原则

22 NY/T 1423—2007　鱼粉和反刍动物精料补充料中肉骨粉快速定性检测　近红外反射光谱法

23 NY/T 1841—2010　苹果中可溶性固形物、可滴定酸无损伤快速测定　近红外光谱法

24 NY/T 2797—2015　肉中脂肪无损检测方法　近红外法

25 NY/T 2794—2015　花生仁中氨基酸含量测定　近红外法

26 NY/T 3105—2017　植物油料含油量测定　近红外光谱法

27 NY/T 3299—2018　植物油料中油酸、亚油酸的测定　近红外光谱法

28 NY/T 3298—2018　植物油料中粗蛋白质的测定　近红外光谱法

29 NY/T 3297—2018　油菜籽中总酚、生育酚的测定　近红外光谱法

30 NY/T 3295—2018　油菜籽中芥酸、硫代葡萄糖苷的测定　近红外光谱法

31 NY/T 3512—2019　肉中蛋白无损检测法　近红外法

32 NY/T 3679—2020　高油酸花生筛查技术规程　近红外法

33 SN/T 3896.1—2014　进出口纺织品　纤维定量分析　近红外法　第1部分：聚酯纤维与棉的混合物

34 SN/T 3896.2—2015　进出口纺织品　纤维定量分析　近红外法　第2部分：聚酯纤维与聚氨酯
　　弹性纤维的混合物

35 SN/T 3896.3—2015　进出口纺织品　纤维定量分析　近红外法　第3部分：聚酰胺纤维与聚氨
　　酯弹性纤维的混合物

36 SN/T 3896.4—2015　进出口纺织品　纤维定量分析　近红外法　第4部分：棉与聚氨酯弹性纤
　　维的混合物

37 SN/T 3896.5—2015　进出口纺织品　纤维定量分析　近红外法　第5部分：聚酯纤维与粘胶纤
　　维的混合物

38 SN/T 3896.6—2017　进出口纺织品　纤维定量分析　近红外法　第6部分：聚酯纤维与羊毛的
　　混合物

39 SN/T 3896.7—2020　进出口纺织品　纤维定量分析　近红外法　第7部分：聚酯纤维与聚酰胺
　　纤维的混合物

40 SN/T 3896.8—2020　进出口纺织品　纤维定量分析　近红外法　第8部分：棉与聚酰胺的混合物

41　SN/T 5233—2020　进出口纺织原料　原棉回潮率测定　近红外光谱法

42　SB/T 11149—2015　废塑料回收分选技术规范

43　FZ/T 01144—2018　纺织品　纤维定量分析　近红外光谱法

44　FZ/T 01150—2019　纺织品　竹纤维和竹浆粘胶纤维定性鉴别试验方法　近红外光谱法

45　LY/T 2151—2013　木材综纤维素和酸不溶木质素含量测定　近红外光谱法

46　LY/T 2053—2012　木材的近红外光谱定性分析方法

47　GH/T 1260—2019　固态速溶茶中水分、茶多酚、咖啡碱含量的近红外光谱测定法

48　GH/T 1259—2019　茶多酚制品中水分、茶多酚、咖啡碱含量的近红外光谱测定法

49　QB/T 2812—2006　纸张定量、水分的在线测定（近红外法）

50　HG/T 3505—2020　表面活性剂　皂化值的测定

51　DB12/T 347—2007　小麦、玉米粗蛋白质含量近红外快速检测方法（天津市质量技术监督局）

52　DB22/T 1605—2012　人参中灰分、水分、水不溶性固形物、水饱和丁醇提取物的无损快速测定　近红外光谱法（吉林省质量技术监督局）

53　DB32/T 2269—2012　棉籽油油分含量无损测定　近红外光谱检验法（江苏省质量技术监督局）

54　DB21/T 2048—2012　饲料中粗蛋白质、粗脂肪、粗纤维、水分、钙、总磷、粗灰分、水溶性氯化物、氨基酸的测定　近红外光谱法（辽宁省质量技术监督局）

55　DB22/T 1812—2013　人参中人参多糖的无损快速测定　近红外光谱法（吉林省质量技术监督局）

56　DB53/T 497—2013　烟草及烟草制品　主要化学成分指标　近红外校正模型建立与验证导则（云南省质量技术监督局）

57　DB53/T 498—2013　烟草及烟草制品　主要化学成分指标的测定　近红外漫反射光谱法（云南省质量技术监督局）

58　DB53/T 512—2013　二次复切微波膨胀梗丝　掺配均匀性的测定　近红外光谱法（云南省质量技术监督局）

59　DB34/T 2561—2015　固态发酵酒醅常规指标的快速测定　近红外法（安徽省质量技术监督局）

60　DB43/T 1065—2015　饲料中氨基酸的测定　近红外法（湖南省质量技术监督局）

61　DB34/T 3054—2017　浓香型基酒主要香味成分的快速测定方法　近红外法（安徽省质量技术监督局）

62　DB15/T 1229—2017　山羊绒净绒率试验方法　近红外光谱法（内蒙古自治区质量技术监督局）

63　DB34/T 2890—2017　茶叶中主要品质成分快速测定–近红外光谱法（安徽省市场监督管理局）

64　DB64/T 1554—2018　棉与聚酯纤维混纺产品　纤维定量分析　近红外法（宁夏回族自治区质量技术监督局）

65　DB37/T 3635—2019　车用汽油快速筛查技术规范（山东省市场监督管理局）

66　DB37/T 3636—2019　车用汽油快速检测方法　近红外光谱法（山东省市场监督管理局）

67　FZ37/T 3637—2019　车用柴油快速筛查技术规范（山东省市场监督管理局）

68　DB37/T 3638—2019　车用柴油快速检测方法　近红外光谱法（山东省市场监督管理局）

69　DB37/T 3639—2019　车用乙醇汽油(E10)快速筛查技术规范（山东省市场监督管理局）

70 DB37/T 3640—2019 车用乙醇汽油(E10)快速检测方法 近红外光谱法(山东省市场监督管理局)

71 DB37/T 4118—2020 柴油发动机氮氧化物还原剂-尿素水溶液（AUS 32）的快速检测方法
近红外光谱法（山东省市场监督管理局）

72 DB36/T 1127—2019 饲料中粗灰分、钙、总磷和氯化钠快速测定 近红外光谱法（江西省市
场监督管理局）

73 DB34/T 3561—2019 酿酒原料常规指标的快速测定方法 近红外法（安徽省市场监督管理局）

74 DB12/T 955—2020 奶牛场粪水氮磷的测定 近红外漫反射光谱法（天津市市场监督管理委员会）

75 DB32/T 3881—2020 中药智能工厂 中药水提醇沉提取过程质量监控（江苏省市场监督管理局）

76 T/AHFIA 008—2018 酿酒用大曲常规理化指标的快速测定方法 近红外法（安徽省食品行业协会）

77 T/GZTPA 0001—2020 贵州绿茶主要化学成分的测定 近红外漫反射光谱法（贵州省绿茶品牌
发展促进会）

78 GH/T 1337—2021 籽棉杂质含量快速测定 近红外光谱法（中华全国供销合作总社）

79 T/CIS 11001—2020 中药生产过程粉体混合均匀度在线检测 近红外光谱法（中国仪器仪表
学会）

80 T/CBJ 004—2018 固态发酵酒醅通用分析方法（中国酒业协会）

注：GB/T—中华人民共和国国家标准（推荐）；NY/T—中华人民共和国农业行业标准（推荐）；
SN/T—中华人民共和国进出口商品检验行业标准（推荐）；SB/T—中华人民共和国商业行业标准（推
荐）；FZ/T—中华人民共和国纺织行业标准（推荐）；LY/T—中华人民共和国林业行业标准（推荐）；
GH/T—中华人民共和国供销合作行业标准（推荐）；QB/T—中华人民共和国轻工业行业标准（推荐）；
HG/T—中华人民共和国化工行业标准（推荐）；DB/T—中华人民共和国地方标准（推荐）。

近红外光谱得到的是样品某一点（或很小区域）的平均光谱，因而得到的是样品组成或性质的平均结果，非常适合于均匀物质的分析。如果想得到不同组分在不均匀混合样品中的空间及浓度分布，则需要采用近红外光谱成像技术，它将传统的光学成像和光谱方法相结合，可以同时获得样品空间各点的光谱，从而进一步得到空间各点的组成和结构信息。

光谱成像先前多应用于遥感如地质、农业、海洋、大气以及军事等领域，依据光谱分辨能力的不同称为多光谱成像（Multispectral imaging）或高光谱成像（Hyperspectral imaging）。近些年随着过程分析技术在制药等领域的兴起，现代化学计量学方法随之被应用于光谱图像数据的分类和识别，光谱成像仪器逐渐走进了实验室和生产现场，成为分析检测中的一种平台技术，光谱成像也越来越多被化学成像（Chemical imaging，CI）一词所替代。尤其是近红外化学成像（NIR-CI）技术，目前正在成为传统近红外光谱的互补技术，在制药、农业和食品等领域获得广泛关注，并得到了实际应用。

近红外光谱图像是由样品的每一个空间点在多个离散或连续波长下扫描得到的，它实际上是三维数据阵，由两维空间和一维波长组成，称为超立方阵（Hypercube）。这个超立方阵可看作是由一系列空间分辨光谱（称为像元，Pixels），或一系列光谱分辨图像（称为像平面，Image planes）组成。选择一个独立像元就会得到样品某一特定空间点的连续光谱，同样，选择一个像平面就会得到样品所有空间点在某一特定波长下的强度响应（吸光度），即光谱图像。

光谱成像的数据量很大，例如由150个波长点、256像元 × 256像元阵列得到的数据阵包含65536张光谱，每张光谱包含150个波长，一个样品的光谱图像总共有近百万个数据点。从这样一个信息密集的数据阵中挖掘出有用信息，即把光谱成像转变为真正意义上的化学成像，需要用到光谱谱图库检索或现代模式识别技术，辨识出样品空间的组成分布信息，再由彩色的视图直观清晰地表示出来，即化学图像。

近红外化学成像技术已在农业、食品、制药、临床医学等领域得到了较为广泛的研究和初步的应用。将近红外化学成像的强空间分辨能力结合光谱分析，能够鉴别出药品上的微量污染物或少量有效成分的降解物，这几乎是海底捞针，是传统近红外光谱很难实现的。而且，采用近红外化学成像可以实现药品的高通量分析，用于假药/劣药的筛查以及制药厂的质量保证控制分析，它可以对一板透明塑料泡罩包装的所有药品（例如30片）同时进行无损分析，实现真正意义上的片片药品的出厂检测。在农产品和食品领域，近红外光谱成像主要用来检测水果、蔬菜的缺陷如损伤、压伤和虫孔等；检测水果、蔬菜和肉等表面微量污染物如粪便和有机残留物；检测粮食中的虫害、食品中的细菌和寄生虫等。

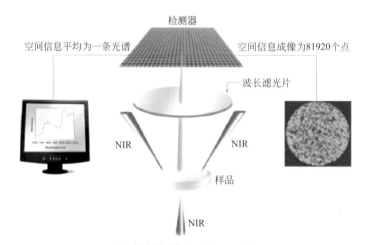

近红外光谱成像实现过程示意图

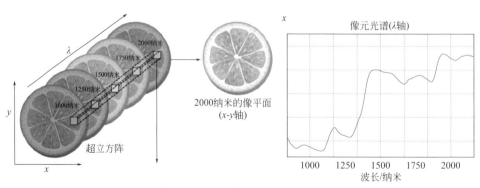

样品的近红外光谱及其化学成像图

近红外光谱成像在线监测鱼肉的品质

参考文献

[1] 杨桂珍. 光谱的故事——记基尔霍夫和普朗克[J]. 知识就是力量, 1998 (7): 58-59.

[2] Koirtyohann S R, 单孝全. 原子吸收光谱的历史[J]. 光谱学与光谱分析, 1982 (Z1): 137-143.

[3] 郭正谊. 打开原子的大门[M]. 长沙: 湖南教育出版社, 1999.

[4] 周开亿. 邮票上的光谱学和化学史[M]. 北京: 科学出版社, 1991.

[5] 袁波, 杨青. 光谱技术及应用[M]. 杭州: 浙江大学出版社, 2019.

[6] 东雍. 东雍解物理学中的佛法智慧[M]. 成都: 巴蜀书社, 2017.

[7] 褚小立. 化学计量学方法与分子光谱分析技术[M]. 北京: 化学工业出版社, 2011.

[8] 孙江, 郭庆林, 王颖. 光谱学导论[M]. 北京: 化学工业出版社, 2020.

[9] 褚小立, 刘慧颖. 燕泽程. 近红外光谱分析技术实用手册[M]. 北京: 机械工业出版社, 2016.

[10] 程流锁. 第三位小数的胜利——纪念惰性气体发现九十五周年[J]. 物理教学, 1990, 9: 29.

[11] Mcclure W F. 204 years of near infrared technology: 1800-2003[J]. Journal of Near Infrared Spectroscopy, 2003, 11(6): 487-518.

[12] Miller F R. The history of spectroscopy as illustrated on stamps[J]. Applied Spectroscopy, 1983, 37 (3): 219-225.

[13] Norris K H. NIR is alive and growing[J]. NIR News, 2005, 16(7): 12.

[14] Rosenthal R D, Webster D R. On-line system sorts fruit on basis of internal quality[J]. Food Technology, 1973, 27(1): 52-56, 60.

[15] Kawano S. Past, present and future near infrared spectroscopy applications for fruit and vegetables[J]. NIR News, 2016, 27(1): 7-9.

[16] Hart J R, Golumbic C, Norris K H. Determination of moisture content if seeds by near-infrared spectrophotometry of their methanol extracts[J]. Cereal Chemistry, 1962, 39(2): 94-99.

[17] Reeves Ⅲ J B, Delwiche S R. Near infrared research at the beltsville agricultural research center (Part 1):

instrumentation and sensing laboratory[J]. NIR News, 2005, 16(6): 9-12.

[18] Reeves Ⅲ J B. Near infrared research at the beltsville agricultural research center (Part 2) [J]. NIR News, 2005, 16(8): 12-13.

[19] Norris K H. When diffuse reflectance became the choice for compositional analysis[J]. NIR News, 1993, 4(5): 10-11.

[20] Hopkins D W. What is a norris derivative? [J]. NIR News, 2001, 12(3): 3-5.

[21] Norris K H. NIR-spectroscopy from a small beginning to a major performer[J]. Cereal Foods World, 1996, 41(7): 588.

[22] Davies T. NIR Instrumentation companies: the story so far[J]. NIR News, 1999, 10(6): 14-15.

[23] Shenk J S. Early history of forage and feed analysis by NIR 1972—1983[J]. NIR News, 1993, 4(1): 12-13.

[24] Williams P. Near infrared technology in Canada[J]. NIR News, 1995, 6(4): 12-13.

[25] Bosco G L, James I. Waters symposium 2009 on near-infrared spectroscopy[J]. Trends in Analytical Chemistry, 2010, 29(3): 197-208.

[26] Battena G D, Blakeneyb A B, Ciavarellaca S, et al. NIR helps raise crop yields and grain quality[J]. NIR News, 2000, 11(6): 7-9.

[27] Kaffka K J. Near infrared technology in hungary and the influence of Karl H. Norris on our success[J]. Journal of Near Infrared Spectroscopy, 1996, 4(1): 63-67.

[28] Donaldson P E K. In Herschel's footsteps[J]. NIR News, 2000, 11(3): 7-8.

[29] Fearn T. Chemometrics for NIR spectroscopy: past present and future[J]. NIR News, 2001, 12(2): 10-12.

[30] Hirschfeld T, Callis J B, Kowalski B R. Chemical sensing in process analysis[J]. Science, 1984, 226(4672): 312-318.

[31] Norris K H. Early history of near infrared for agricultural applications[J]. NIR News, 1992, 3(1): 12-13.

[32] Norris K H. History of NIR. journal of near infrared spectroscopy[J], 1996, 4(1): 31-37.

[33] 中国农业科学院畜牧研究所. 近红外光谱分析技术[M]. 北京: 中国农业科技出版社, 1993.

[34] Mcclure F W. Near-infrared spectroscopy the giant is running strong[J]. Analytical Chemistry, 1994, 66(1): 42a-53a.

[35] Lavine B K, Brown S D, Booksh K S. 40 years of chemometrics—from Bruce Kowalski to the future[M]. Oxford: Oxford University Press, 2015.

[36] Yan H, Siesler H W. Hand-held near-infrared spectrometers: state-of-the-art instrumentation and practical applications[J]. NIR News, 2018, 29(7): 096033601879639.

[37] Bec K B, Grabska J, Siesler H W, et al. Handheld near-infrared spectrometers: where are we heading? [J]. NIR News, 2020, 31(3/4): 28-35.

[38] Krishnan A A , Saxena S K. Hyperspectral imaging analysis and applications for food quality[M]. Boca Raton: CRC Press, 2019.

[39] Ozaki Y, Huck C, Tsuchikawa S, et al. Near-infrared spectroscopy: theory, spectral analysis, instrumentation, and applications[M]. Singapore: Springer, 2020.

第 3 篇

展望未来——如约而至，未来可期

"预测未来的最好方法，就是创造未来。"

——现代管理学之父彼得·德鲁克

自从第一次仰望星空，人类就开始了展望未来。基于已知的过去和当下，搭配轻盈的憧憬和想象，关于未来的描绘从未停笔。近红外光谱的未来会是如何，当然我们无法得知确切答案，幸而创造未来图景的画笔，正紧握在我们手中。未来数十年的很多趋势我们都能看出端倪。

随着移动互联网、智能制造、深度学习等新科学和新技术的牵引，近红外光谱将继续在技术深度、受众广度和应用宽度等方面得到快速发展。在仪器硬件方面，小型化和微型化是技术进步永恒的主题，光谱仪器之间的一致性也会有重大突破；在光谱大数据利用方面，将会在算据积累、算力提升、算法突破上有根本性的变革，它有着"点石成金"的魔力，有望催生颠覆性技术；在应用方面，将会与农业、工业、商业、医疗等各大业务场景深度跨界融合，能够为众多领域添上创新、升级、腾飞的翅膀，并在供应链和消费端构建数据库共创分享新经济形态，未来的受众广度也将会呈指数型暴增，近红外光谱将渗透到人们生活的各个角落，深刻改变着人们的生活方式、行为方式，甚至价值观念。

秀外慧中——手机光谱仪

　　1875 年，电话机在美国发明家贝尔的手中诞生，由此声音得以飞跃更远的距离。之后的百余年，电话小型化、无线化，手机诞生，人们还不满足于此，又给它添加了触屏、摄像头、网络、卫星定位等各式部件。如今的手机已然是一个多功能的终端，成为了人类接入信息网络的外置器官。

　　除了处理可见光的摄像头，人们也试图在手机方寸空间中植入对于不可见光的处理部件。近红外光谱仪器在小型化和微型化的道路上从未止步，从车载台式（Benchtop）、便携式（Portable）、手持式（Hand-held），发展到袖珍式（Pocket-sized）和微型（Miniature），用了不到 10 年的时间。近些年，一些公司致力于开发微型近红外光谱仪芯片，已有公司研制出外观尺寸为 18 毫米 ×18 毫米，厚度为 4 毫米，重量小于 10 克，范围为 1100 ～ 2500 纳米的微型光谱仪，其大小足以集成于智能手机和可穿戴设备中。也有研究将带隙渐变的特殊纳米线替代传统光谱仪中的分光和探测元件，并在纳米线上加工出了光探测器阵列，将传统光学器件的尺寸缩小到纳米尺度。

　　将微型化的光谱仪与智能手机的结合，已经不只是设想，一些手机厂商已经设计了相关的概念机。这类手机的后置摄像系统顶部提供了一系列光源，照射物品后，手机镜头会接收反射信号，生成光谱数据。通过手机内置的相关软件，通过对光谱数据的计算分析，用户便可以轻松获得日常生活中用肉眼难以获取的信息。

　　在不久的未来，它将触及我们的生活的方方面面。对于日常的衣食住行相关的多种困惑，只要片刻扫描，便迎刃而解：生鲜新鲜度、食物营养价值、环境过敏原、皮肤状态，你想了解的信息应有尽有。

　　手机光谱仪的用途远远不止这些，它甚至有望直接参与医疗诊断过程。例如，通过手机光谱仪扫描一下我们的头发，检测数据同步连接云端的大数据资料库，就能分析出头发的健康状况，可以依照检测数据调制个性化定制的头发洗护产品。

便携手机光谱仪带来的便利应用

　　未来，光谱仪的"微型胶囊化"甚至"智能微尘化"（Smart dust）将会使其应用发生革命性的改变。例如，一粒苹果种子大小的"智能微尘光谱仪"可以感知、储存和传输数据，它可以进入人体的消化系统，甚至血液系统中，实时监测人体的健康状况。在临床医学上，与智能手术机器人结合，可高精度判别和切除病灶组织，实现真正意义上的精准医疗。当然，这里的手机光谱仪覆盖的可能不仅仅是近红外光谱区。

3.2

明察秋毫——食物营养智能扫描仪

食物，永远是人们最基础的需求，随着生活水平的不断提高，人们对食物的追求已经不局限于简单的吃饱、吃好。新时代的国人，愈发注重身体健康，这也对食品的安全、营养提出了更高的要求。

而如果想要做到真正的精准营养、健康饮食，搞清楚食物当中的营养成分是必不可少的一环。掌控食品营养成分的质和量，不但可以指导人们合理控制营养与膳食，也可以对食品的生产、加工、运输、储藏等过程进行控制，为我们及时了解食品品质的变化、保障个人饮食健康，提供可靠、科学的依据。

但是，传统食物分析仪器往往是放置在实验室里的昂贵设备，比如凯氏定氮仪、气相色谱仪、液相色谱仪等。市场上食物种类越来越多，消费者往往需要大量的时间和精力才能搞清楚每样食物中的成分和营养。能否发明一些便捷、小型的测量装置呢？国内外光谱学家进行着各种努力与尝试。

日本科学家发明了世界首台食品热量检测仪 Calory Answer，也称为卡路里测量仪。采用近红外光谱分析原理，可以在不接触、不破坏食物的条件下，全自动直接测量单一食品材料和混合类食物的热量，测量时间为 6 分钟。测量指标包括：热量、蛋白质、脂肪、碳水化合物、水分、酒精等。其简单快捷的特性可充分体现在餐饮服务业的日常检测中，诸如菜肴、盒饭等复杂混合的食物是无法用传统方法快速准确得到其卡路里值的，而 Calory Answer 恰好能解决这个问题。目前该仪器已经在日本各大超市、食品加工厂和营养机构等场所普及，国内很多健身机构、营养配餐机构也配备了该设备。

加拿大科学家发明了一款名为"Tellspec"的食物热量扫描仪，用户只需扫一扫便可获知食物的热量。它是一款手持式装置，只有钥匙链大小，使用时需与一款智能手机应用程序配合。这个扫描仪装有一个分光计，用于分析食物内部的化学成分。对于关心体重变化的人来说，这款扫描仪无疑是一个完美之选。这款扫描仪可以帮助用户了解食物内的过敏原、化学物质、营养物质、热量和配料，甚至能够穿透塑料扫描食物，让购物者在超市选购食品时先扫描，再决定是否购买。对食物进行扫描后，扫描仪将获取的数据上传到网络服务器。随后，利用某种算法创建一份报告，报告传输给智能手机应用程序，显示食物的成分，从而帮助消费者选择食物。

基于光谱技术的食物营养扫描仪

以色列科学家也发明了一种小型光谱扫描仪，可以检测食品、药品和其他物品中的化学成分。这款食物扫描仪名为 SCiO，实际是一个拇指大的近红外线分光仪，可用于探测食物、药品等。只要拿着扫描仪对准目标物品按下按键，使用者就可以获取其内部成分含量。比如查看一块奶酪含有多少卡路里，或确定一只挂在枝头的西红柿何时能熟透。研究人员表示，最终成品将具备识别食物生熟、变质的功能，通过建立强大的后台数据库，甚至可以识别出包含不良添加剂的牛奶。

尽管目前上述技术大部分还处于概念产品阶段，但是随着近十年来信息技术、移动互联网技术在营养健康和医疗方面的迅猛发展，相关产业的雏形已经形成。随着移动营养与健康技术的研究突破，有望实现私人定制式的精准营养。基于上述食物营养传感器，实现食物能量、营养成分含量的快速测量，然后集成人体健康测量传感器，实现能量消耗、血糖、脂肪等参数的快速测量。利用科学的营养自助评价系统，由个人自助完成身体评价及膳食评价，从而调整饮食结构。也可通过移动终端将个人健康信息发送到远程膳食服务平台，由营养师进行诊断、推荐食谱，或由系统自动计算完成食谱推荐，从而获得私人定制式的营养健康服务，实现长期的营养在线监测及跟踪指导。

3.3

足智多谋——超个性化的智能家电

随着信息化技术的深入发展，基于万物互联理念的物联网正在逐步进入我们的生活。智能家居就是物联网在家庭中的基础应用，大到电视冰箱，小到电灯音响，都可以是物联网的智能终端。物联网也被称为传感网，以近红外光谱为代表的各种光谱仪正是其重要的组成部分，可以相信在不久的未来，近红外光谱与家电的结合会更加紧密。

如今已有基于近红外光谱技术的商品化智能洗衣机，它能在几秒钟之内识别面料与污渍种类，精准推荐洗涤程序，让衣物得到更专业更精细的洗涤。这是家电行业里首个推出的将近红外光谱技术与家电相结合的商品，也为该技术在其他家用电器中的应用提供了可以借鉴的范本。

人们一直在追求食物的保存技术，腌制、发酵、风干都是先民在生活中不断摸索出的食物保存技术。直到冰箱的发明，人们似乎解决了食物保存的千古难题，然而随着储存时间的变长，冰箱冷藏室（4℃）中保存的食物也可能会变质，由于冰箱相对密封的环境，人们不能及时察觉到食物的变质。冰箱中的食物腐烂会导致不必要的食物浪费，而食用这些腐败变质的食物更会引发严重的健康问题。近红外光谱技术与冰箱结合可以实时判断冰箱中食物（如牛肉、鱼、蔬菜和水果等）的新鲜度，并给出即将可能出现不新鲜或腐败的提示。

可以设想这样一个基本的物联范例：智能手环和冰箱的结合。基于光谱技术的智能手环可以实时精准捕获用户的心率、脉搏、血氧饱和度、微循环、血压、血糖及更多健康数据；通过云端进行大数据的分析和处理，显示更多健康信息，血压趋势、呼吸频率、心率变异性、健康报告等；通过冰箱控制和管理，根据时令，用户的体质特征和身体状况，以及冰箱中的食材种类、数量、能量、营养品质及其新鲜度等，推荐具有个性化的私人订制的一日三餐饮食菜谱，从而满足人们对健康饮食更高的需求。与光谱技术结合的智能家电系统，不仅是食材的管理专家和美食的烹制机，还将成为膳食营养私人顾问，并将在更多生活场景下，与日常膳食、健康状态进行更深层次的交互。

厨房电器的智能化同样是未来的趋势。目前已经有植入了摄像头的智能烤箱，用于监控烹饪过程，甚至可以结合图像识别与人工智能技术，根据颜色变化，实时监控食物的成熟度，调整温度、湿度等烹饪条件。将普通摄像头替换为通道数更多的光谱装置，可以检测出更多的化学成分信息，光谱信息携带含水量、蛋白质变性情况等与烹饪效果直接相关的信息，可被用来实时检测烤肉等烹饪过程中食物内部的参数，监控烹饪过程，帮助智能程序做出响应，改变烹饪条件，使食物更加健康和美味。

智能跑步机则可根据用户一日三餐的能量摄入量，结合实时的健康数据，定制专属运动方案，例如推荐晚上在跑步机上的运动量，包括跑步的里程和步速，并基于跑步过程中监测到的实际心率、脉搏、血氧饱和度、血压、水分含量等人体信息，进行多维度大数据分析，可自动调整速度并给出补充水分的提醒，让运动真正改善健康。

基于光谱技术的智能马桶可实时监测尿液和粪便的化学成分（例如尿液中的蛋白质和葡萄糖等），与视觉成像技术和深度学习技术结合，使用者可以监测自己的健康数据，形成历史的和实时的个人健康数据平台，为疾病预防、筛查、诊断和疾病监控研究提供支持，真正实现对个人健康的管理、控制、预防，指导个性化的健康干预，达到"知未病，治未病"的目的，以在我们的日常生活中产生更大的价值，发挥更大的作用。

除此之外，近红外光谱将与小型家电紧密集成，与吸尘器结合，可快速识别目标物体的材质，优化运行模式；与电熨斗集成，可依据识别的面料材质自动选择最合适的蒸熨方式。此外，近红外光谱集成于汽车的燃料油油箱、润滑油油箱和冷却液储罐中，可实时监测它们的物化状态，将传统的定期维护保养模式转变为实现高精准预防性维护。

人体智能医疗穿戴微型设备

3.4

草木皆兵——无人值守的果园

面朝黄土背朝天，传统的农业领域一向是劳动密集型行业，有赖于时代进步，农业的一些方向如粮食种植领域已经实现了规模化、专业化、集约化和机械化，解放了大量的农业劳动力。然而另一些方向，像果品种植行业、传统的农业仍然依赖人工作业，效率低而成本高。

中国已进入人口老龄化社会，劳动力调动比较困难。传统的植保作业方式消耗高水量、高肥量和高剂量（农药和各种生长剂等），也造成高污染。随着精细农业、数字农业、智慧农业的不断发展，集约化、精准化、数据化和智能化的农业新模式渐行渐近、触手可及，这个行业痛点也将逐步被消除。其中，近红外光谱技术与无人机、机器人的结合将扮演越来越重要的角色。

施肥机器人上的近红外光谱分析仪可实时测定果园土壤的水分和肥力，根据分析结果适量、变量施肥施水。根据每棵树的土壤水分、果树的长势以及近期的气象预报，通过大数据分析可制订出短期的灌溉计划，利用现代化的灌溉装置便能实现精准的灌溉，从而节省大量的水资源。科学地施肥能有效地减少施肥的总量，减少对环境的影响，降低农业成本。

为防治果树的病虫害，传统果园每个月几乎都需要打药2次以上，并以人工作业为主，弥漫的药雾对人体伤害很大。而且，人工喷药由于雾化程度不高，会造成大量的药水浪费，有70%以上的药水流失在土壤里，造成浪费和污染。在不久的将来，无人机上携带的光谱仪可对每棵树的病虫害进行评估，根据病虫害的发生程度，通过无人机或地面机器人实施特定条件下的药物喷洒，植保无人机可以覆盖树冠部分的农药喷洒，精度可以达到厘米级，实现精准喷药，它不但可以节省20%的用药量，而且极大节省人力。除此之外，植保机器人还可完成果园中的修剪和授粉等任务。

在果实管理方面，果实采摘机器人上的近红外光谱分析仪可实时判断果实的成熟度，适时采摘，可以有效提高水果质量。采摘后的水果通过智能分拣系统，根据果品的大小和品质自动进行分选，整个分拣过程中全面实施自动化，包括上料、卸料、分选、装箱、包装、码垛等。

总之，随着近红外光谱以及无人机、机器人、自动驾驶、人工智能、物联网、大数据等技术的融合，形成感知、互联、分析、自学习、预测、决策、控制的全生态链智慧农业，果农可以"一屏知天下"，无论在何方，一个小小的手机屏，可以调转很多个角度，对每块田、甚至每棵树的长势进行管理，可让每棵果树达到理想生长曲线，真正实现果园"标准化种植""无人值守"，进入智慧果园阶段。

"无人值守"果园内正在施药的机器人

凭借手机管理基地每棵果树的长势

3.5 开诚布公——"透明"的工厂

近年来，发达国家去工业化的浪潮渐渐平息，制造业的复兴又被提上日程。在物联网、云计算、工业4.0等浪潮的加持下，透明工厂的概念也被提出。透明工厂重点不在于物理上的透明——将工厂建设成为玻璃房，也不在于"群众参观通道＋开放日"的形式。透明工厂有着更深远更丰富的内涵：

（1）生产过程透明

从原材料到供应商，从工艺到设备，工厂各生产点节点和生产过程都完全透明。也就是让产品的整个生产流程数据化、信息化、智能化，以实现产品品质都可以追溯工艺流程以及产品流向都可以实时追踪。

（2）检测透明

通过以各类光谱仪器为可信的检测手段，可实时提供原料、生产过程中各个环节的物料，以及产品的关键品质参数。近红外光谱分析技术在实现检测透明化方面是当之无愧的龙头。近红外光谱技术可为打造信息可视化的工厂提供海量分析数据，从而实现企业生产过程的透明化和效益化，并提升企业的生产业绩和管理水平。工厂质量控制点可由原来的几个、十几个，增加到成百上千个，质量追溯也将由原来的数小时缩减到几分钟，质量分析的有效性将呈指数级提高。通过实时监测与质量数据挖掘分析，发现隐藏在大量工艺细节背后的逻辑和规律，进而提升生产力，次品率也将随之大大降低。

（3）数据透明

敞开工厂信息数据化的大门，公开生产线和品质管理，可实现从原料到生产过程的全透明、真透明，将为消费者提供更高品质、更可信赖的产品。这种"透明"策略会将营销和生产连接在一起，"用品质数据说话"将成为未来不需要广告的购买习惯，这也有可能孕育出一种新的商业模式。

（4）社会监督透明

透明工厂面对的不仅是生产商和经销商，还有消费者。消费者通过手机扫描超市中食用油包装上的二维码，就可即时获取这桶食用油的原料、生产各个环节以及产品的关键品质数据，甚至可以具体到原材料供应商、时间、检测参数，以及产品在整个生产过程中每个环节的生产信息、技术参数、质量监测、操作人员等。用完全透明的数据证明这桶油在整个生产链条中没有任何一点是不合格的。

总而言之，透明工厂是企业以可视化、信息化为手段，充分利用互联网、物联网、大数据等先进技术，将企业原辅料购进查验、生产加工全过程、质量安全控制、产品流通及溯源信息等实时记录，并通过互联网方式向社会公开。现在我们看到的是琳琅满目的产品，将来我们看到的是商品生产的整个过程，所有物品一直处在制造的过程中。未来的一切生意有望都在"光天化日之下"进行，每一笔订单都在"众目睽睽之下"生产，近红外光谱技术也必须适应在"大庭广众之下"进行测量。

以大数据、云计算为基础的物联网，正在使产品的"定制化"一点点实现，人们的个性化和多元化需求被唤醒，未来的供应链将由"下订单、流水线、计划性生产"向"拿订单、多款、分批次生产"逐渐转变。因此，对于未来工厂，大规模标准化的制造可能会在一定程度上消减，工厂将以个体消费者定制化的需求组织制造、生产产品。也就是说，之前工厂生产什么，消费者就用什么；未来是消费者需要什么，工厂就生产什么，有可能件件商品都是量身定制的。因此，未来的工厂必须具有智慧化和柔性化的特质。

"如果说，人的灵魂是由思想意识组成的，那么机器的灵魂就是程序组成的，而产品的灵魂就是由数据组成的"，未来将进入万物互联时代，人和机器、机器和机器、机器和产品、产品和人都产生连接，这其中近红外光谱等现代检测分析技术将大有可为。近红外光谱技术对人类社会的规模效益正一点点地叠加起来，其实我们不需要高喊"ALL IN NIR"，当近红外光谱跟工业和生活分不开的时候，其实已经进入到"NIR IN ALL"时代了。

3.6 日新月异——光谱仪器的标准化

经过几十年的发展，如今的近红外光谱分析技术已得到了广泛的应用，尤其是在现场快速和工业在线等方面发挥着越来越重要的作用。随着近红外光谱和化学计量学逐渐走入大学生的课堂，这项分析技术必将会越来越普及，成为化学分析和过程分析工作者的一种常用手段。

由于近红外光谱信号杂乱叠加，在光谱分析应用过程中，不得不建立校正模型。然而限于现有的制造工艺，不同光谱仪之间存在系统误差，在某一光谱仪（称主机，Master Instrument, Primary Instrument, Parent Instrument）上建立的校正模型，在另一台光谱仪（称从机，Slave or Host Instruments, Secondary Instruments, Child Instruments）上使用时，模型不能给出正确的预测结果。解决这一问题首先是完善仪器硬件加工的标准化，提高加工工艺水平，降低主机和从机在器件等方面存在的差异，使得同一样品在不同仪器上测量的光谱尽可能一致，即仪器的标准化（Instrument Standardization）。

经过数十年的努力，对于同一型号（甚至不同型号）的傅里叶型近红外光谱仪器，基本可以通过上述方法实现光谱的直接转移。近几年，随着技术和制造水平的提高，一些便携式仪器也可实现光谱在同一型号之间的转移。但是不同光谱仪尤其是不同品牌仪器之间仍可能存在差异，例如光栅型光谱仪与傅里叶变换型光谱仪之间的差异等，这种差异依然会引起多元校正模型的不适用性，即在一台仪器上建立的模型，用于其他仪器时，产生无法接受的系统性预测偏差。目前，需要通过数学方法来解决，文献通常称这种解决方式为模型传递或模型转移（Calibration Transfer），也有文献称为仪器转移或仪器传递（Instrument Transfer）。

车同轨、书同文、统一度量衡，是我们从两千年前就开始追求的目标。可以预期在未来的 10 年，仪器的标准化问题将有望得到彻底解决，在一台仪器上建立的模型数据库可以方便准确地用于其他近红外光谱仪器。

Google 开发的围棋机器人 AlphaGo 在 2017 年战胜了世界排名第一的人类围棋冠军柯洁，配备华为自动驾驶技术的新能源汽车 2021 年 4 月已实现市区 1000 千米免干预智能驾驶，基于"悟道 2.0"诞生的中国首个原创虚拟学生"华智冰"于 2021 年 6 月正式亮相并进入清华大学计算机科学与技术系知识工程实验室学习。这些在科幻电影出现过的场景正在被实现，其背后都离不开一项共同的技术：深度学习（Deep Learning）。

深度学习是一种特定类型的机器学习，通过数据学习特征，具有强大的能力和灵活性，已在计算机视觉、语音识别、自然语言处理等领域广泛使用。深度学习的核心是特征学习，从原始输入数据开始，将每层特征逐层转换为更高层更抽象的表示，在分类和预测时提取数据中有用信息，具有潜在的自动学习特征的能力。"深度"一词通常指神经网络中的隐藏层数，层数越多，网络越深。传统的神经网络只包含 2 层或 3 层，而深度网络可能包含多达数十甚至上百个隐藏层。

复杂样品的光谱信号又受测量环境、测量仪器等因素的干扰，会影响到定量或定性分析的结果，为消除这些干扰，常使用光谱预处理方法对光谱进行预处理。然而从数十种预处理方法中组合选择出最佳预处理方法较为困难，预处理方法的选择除了与光谱和预测组分有关，还与定量和定性校正算法有关，要得到普适性的预处理方法比较困难。

数据驱动的深度学习方法推动着人工智能技术的发展，它可以在不需要手动设计特征的基础上发现大数据集中的复杂结构，并从数据中提取关键特征，已经在二维和三维数据方面得到广泛应用。对于一维的近红外光谱数据，不需要人为选择预处理方法，经过卷积神经网络可从光谱中自动提出关键特征，可削弱测量环境、测量仪器对光谱信号的干扰，能够实现端到端的分析，建立的模型在保证预测精度的同时还具有较强的扩展性、鲁棒性。

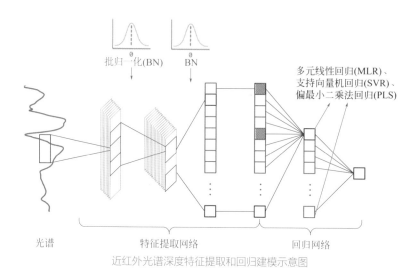

近红外光谱深度特征提取和回归建模示意图

虽然深度学习已被验证具有很好的特征提取能力，但深度学习受数据驱动，需要大量的训练集，在有标签样本数不足的情况下表现不佳，易过拟合。测量一个样品的近红外光谱是快速、无损的，其获取较易、成本较低，仅有光谱的样品可被称为无标签样本。为获取样本的标签，常使用湿化学方法分析出样品的化学成分，因此，对样本标记成本较高。在工业生产过程中，近红外光谱仪连续测量样品的光谱，大量的无标签样本被收集却未被使用。在监督学习中，数据必须是有标签的，而半监督学习是一种在少标记样本下对大量数据进行模型训练的强大方法，还可以将无标签数据和标签数据结合起来，一同训练出半监督学习模型。因此，可以使用半监督学习方法，在标签数据上训练模型，然后使用经过训练的模型来预测无标签数据的标签，从而创建伪标签，最后再将标签数据和新生成的伪标签数据结合起来作为新的训练数据，用于提高模型的预测精度和鲁棒性。

深度学习的另一优势在于可以使用预训练模型，将在源领域（Source Domain）学习过的模型，应用于目标领域（Target Domain）。例如，使用 A 品牌光谱仪测量的光谱数据（源域）建立的小麦蛋白质回归模型（预训练模型），保持该回归模型的卷积层的参数不变，使用 B 品牌光谱仪（目标域）测量的少量样本，运用迁移学习方法重新训练全连接层网络参数，将回归模型在不同厂商仪器之间进行迁移，训练出的新模型即可适配 B 品牌光谱仪。在图像领域，广大的互联网用户通过众包的方式在 ImageNet 上手动注释了超过 1400 万张图片，基于这些海量开源的图像数据集训练出的预训练模型网络参数量过亿，可以识别数万个类别。在近红外光谱领域，未来随着深度学习算法的发展，我们也可以收集大量不同仪器、不同样品的光谱，有望建立一个超大规模的预训练模型并开源，互联网用户可使用本领域的少量样品，对预训练模型进行迁移学习，便可训练出本领域预测能力较强的模型。

深度学习势必会给近红外光谱领域带来更多新的应用机会，基于该技术可构建近红外光谱"最强大脑"，使近红外光谱分析更便捷、更高效、更智能。

3.8 同舟共济——共享时代的通用光谱数据库

从人类开启信息化社会的大幕，网络形态飞速发展，从局域网、互联网到移动互联网，信息化进程的脚步从未停歇。而今一个新的时代又阔步走来，我们正快速迈入万物互联的物联网（IoT）时代。虽然仅仅是起步阶段，但物联网的影响已经初见端倪，"物联网＋行业应用"的模式已在智慧城市、智慧农业、智能交通、智能工业和智慧医疗等细分领域得到规模化的应用。

遗憾的是，对于物质成分的传感能力仍是物联网感知层的薄弱环节。传统实验室广泛使用的质谱、色谱和化学分析方法受其技术特点所限，很难在需要微型化、低成本和实时性的物联网领域直接应用。近红外光谱凭借其自身具有的独特优势，正在成为物联网重要的感知技术。

对于近红外光谱的定量和定性分析，校正模型和其所需的数据库是必不可少的组成部分，它们很大程度上决定了近红外光谱的分析效率。近红外光谱模型数据库是在软硬件平台上基于大量有代表性样本的光谱及其基础数据建立起来的，是极其宝贵的资源，近红外光谱技术的未来在于大数据。未来近红外光谱工作者的一项重要工作，即是在仪器标准化基础上，按照不同领域分门别类地建立模型数据库，并在云平台上实现共享。

一方面，需要构建官方及商业化的网络模型维护与共享平台，让已建立的模型数据库不断扩充完善，尤其是谷物、药品（包括西药和中草药）、肉类、奶制品、纺织品、土壤、饲料、石化产品、烟草的光谱模型库等，使其在实际应用中发挥应有作用。

另一方面，当手机光谱仪普及后，针对日常生活的大宗商品，例如食品、纺织品等，可以采用民众对光谱进行标识建模的方式，建立民间的、公益的、集体所有的光谱模型数据库，所测试的品质也将更加亲民化，例如食用油口味、牛肉嫩度、茶叶口感、内衣服装的舒适度等，形成人人添加、人人享用的工作模式。物联网正以开放、自由、连接、协同、共享的特征开辟一个崭新的时代。共享的核心是协作，未来的模型数据库将会以规模化和个性化的方式合作建立和维护，可以让成千上万几十亿的人以协作方式进行互动，从而带来经营和使用上的重大变革。

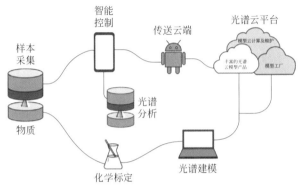

近红外光谱数据库云平台示意图

一旦建成完善的近红外光谱数据库，国内外的行业工程师、化学家、数学家和计算机学家等将会密切协作，通过归纳和演绎等多种手段相结合的方式从大数据中提取有效信息，建立全球化的智能光谱模型库。用户只需在近红外光谱仪器终端的人机对话界面内选择相应的被测样品类别选项，然后按下光谱采集键，系统将自动完成数据采集、传送云端、光谱分析、性质预测、报告回送等功能，大大弱化对用户的专业要求，使食品、药品、日用百货品等品质评估的大众化成为现实。

参考文献

[1] Ozaki Y, Huck C, Tsuchikawa S, et al. Near-infrared spectroscopy: theory, spectral analysis, instrumentation, and applications[M]. Singapore: Springer, 2020.

[2] 褚小立, 李淑慧, 张彤. 现代过程分析技术新进展[M]. 北京: 化学工业出版社, 2021.

[3] Yang Z Y, Albrow-Owen T, Cui H X, et al. Single-nanowire spectrometers[J]. Science, 2019, 365: 1017-1020.

[4] Rateni G, Dario P, Cavallo F. Smartphone-based food diagnostic technologies: a review[J]. Sensors, 2017, 17(6): 1453.

[5] 聂鹏程, 张慧, 耿洪良, 等. 农业物联网技术现状与发展趋势[J]. 浙江大学学报(农业与生命科学版),

2021, 47(2): 135-146.

[6] 于新洋, 唐念行, 万新明, 等. 光谱分析技术在智能家电中的应用研究[J]. 家电科技, 2020(6): 54-58.

[7] 陈红欣, 金轮, 鲍雨锋, 等. RFID技术在智能电冰箱食材识别中的应用[J]. 轻工标准与质量, 2021(4): 102-106.

[8] 褚小立, 陈瀑, 李敬岩, 等. 近红外光谱分析技术的最新进展与展望[J]. 分析测试学报, 2020,39(10):1181-1188.

[9] Le B T. Application of deep learning and near infrared spectroscopy in cereal analysis[J]. Vibrational Spectroscopy, 2020, 106: 103009.

[10] Cui C H, Fearn T. Modern practical convolutional neural networks for multivariate regression: applications to NIR calibration[J]. Chemometrics and Intelligent Laboratory Systems, 2018, 182: 9-20.

[11] 张卫东, 路皓翔, 甘博瑞, 等. 基于栈式自编码融合极限学习机的药品鉴别[J]. 计算机工程与设计, 2019, 40(2): 545-560.

[12] Crocombe R A. Portable spectroscopy [J]. Applied Spectroscopy, 2018, 72(12): 1701-1751.

[13] Yang J, Xu J F, Zhang X L, et al. Deep learning for vibrational spectral analysis: Recent progress and a practical guide [J]. Analytica Chimica Acta, 2019, 1081: 6-17.

[14] 史云颖, 李敬岩, 褚小立. 多元校正模型传递方法的进展与应用[J]. 分析化学, 2019, 47(4): 479-487.

[15] Pasquini C. Near infrared spectroscopy: a mature analytical technique with new perspectives—a review [J]. Analytica Chimica Acta, 2018, 1026: 8-36.

[16] Ciurczak E W, Igne B, Workman J, et al. Practical spectroscopy handbook of near-infrared analysis 4th ed.[M] Boca Raton: CRC Press, 2021.

[17] 李江波, 张保华, 樊书祥, 等. 图谱分析技术在农产品质量和安全评估中的应用[M]. 武汉: 武汉大学出版社, 2021.

[18] 王家宝, 吴雄英, 丁雪梅. 近红外光谱技术在织物智能洗护领域的应用与思考[J]. 家电科技, 2021(2): 64-67.

[19] 李卫军, 覃鸿, 于丽娜, 等. 近红外光谱定性分析原理、技术及应用[M]. 北京: 科学出版社, 2021.

[20] 曹卫星, 程涛, 朱艳, 等. 作物生长光谱监测[M]. 北京: 科学出版社, 2020.

[21] 何勇, 岑海燕, 何立文, 等. 农用无人机技术及其应用[M]. 北京: 科学出版社, 2018.

[22] 宋梅萍, 张建祎. 高光谱遥感混合光谱分解[M]. 武汉: 湖北科学技术出版社, 2021.

每一项新技术面世之初，都带着新生的稚嫩，只有不断地尝试应用，不断地试错纠正，才能褪去生涩，步入成熟。近红外光谱技术的发展也不外如此，行业如今的欣欣向荣，离不开一代代从业者不断的探索和实践，使无数的"不可能"变为"可能"。

科技发展日新月异，历史长河恣意奔流，近红外光谱峰谷错落重叠，描绘着一幅绚丽的长卷。未来难以预料，画卷未见尽头，我们的描绘才刚刚开始。近红外光谱将对未来的社会带来何种改变，我们尚不可知，愿我们共同思索、并肩践行、协力捍卫，愿你、我、他共同执笔这幅画卷。

"不慕红花不羡仙，绣绒吐雾舞流鹃。春心化作沾泥絮，蓄绿播芳月复年。"愿本书成为一株绽放的蒲公英，乘着一夜东风，将近红外光谱的启蒙种子洒满人间大地，在人们心中生根发芽。愿近红外光谱带来的一切美好都如期而至，绝不爽约。

青衿之志，屡践致远。

愿您异想天开，脚踏实地！愿您勇于试错，敢于求败！

青衿之志，砥砺深耕。

愿您意犹未尽，壮志踌躇！愿您韶华不止，奋斗不息！

后记

陆婉珍院士曾说过："近红外光谱技术太奇妙了，但它在我国的应用广度和深度却如此不相称，近红外光谱确实是太需要普及了。"写一本近红外光谱方面的科普书是我国几代近红外人的心愿。

本书的策划始于 2015 年夏，当时曾一度试图将科普对象设定为中小学生和普通大众。在迷迷茫茫、跌跌撞撞、断断续续、拨云见日、茅塞顿开的编写过程中，2020 年春，终将主要受众对象确定为大学生以上的群体，这是一个关键的转折点。

本书第一篇的写作构思是受 Peter Flinn 博士 "An average day (or how near infrared affects daily life)" 一文的启发，第二篇的框架则主要是受《打开原子的大门》和《上帝掷骰子吗》等科普书的影响。本书最初的书名为《日出日落——近红外光谱的一天》，后经多次修改为《点亮我们生活的近红外光谱》，但书中有更多"日出日落"的逻辑影子。

这本书是中国近红外同仁集体智慧的结晶。本书编写过程中，得到了国内外仪器公司、应用企业、大学和科研院所近红外同仁的鼎力相助，他们出谋划策，他们补充修改书稿，他们提供一手资料，他们是活跃在近红外光谱研究、推广和应用一线的开拓者、践行者和推动者，他们是有深厚近红外情节的一群人，他们是一群有近红外故事的人。向他们的无私付出和贡献致敬。

化学工业出版社的编辑老师们，凭借渊博的学识和丰富的出版经验，不断提出极其宝贵的撰写和修改建议，并以极大的热情和耐心促使本书的完成，在此表示由衷的谢意。

尤其感谢年过九旬的陈星旦院士专门为本书撰写的序。

凡是过往，皆为序章；云程发轫，万里可期。"我偷偷碰了你一下，却不料你如蒲公英散开，此后到处都是你的模样。"愿这本小册子能为近红外光谱在我国的普及起到星星点火之作用，也期望您能成为这本小册子的传播者，当有亲朋好友尤其是青年才俊询问您的职业时，赠予他们一本，并自豪地说我从事的是近红外光谱。

褚小立

2021 年 8 月 26 日